前 言

茶是生活良伴，亦是一种文化表达。怀古溯源，一杯茶传承着中国的历史和文化；时至今日，茶文化已融合进现代生活的方方面面。在茶文化繁荣发展的今天，青少年一代担负着传承和弘扬中国茶文化的责任——学习茶知识，在"茶为国饮"的文化中熏陶，与时俱进地思考并在现代生活中进一步推动中国茶文化的发展。

《茶艺美学体验教程》分为上下两册，全书从中国茶的来龙去脉到茶的冲泡实践，娓娓道来，引导青少年在知行合一的实践中认知茶文化；同时从茶文化的角度展开，用茶文化的魅力来感染青少年，让青少年对茶文化有深层次的理解。两册分别对应两个学年的课程教学内容，通过系统的茶文化的梳理与展示，增加青少年对中华优秀茶文化的认同感、归属感，培养其思辨能力、组织能力、探索创新能力，潜移默化地传递积极的思维，坚定对优秀传统文化的文化自信。

茶艺美学体验教程

上册

总策划　李建荣　李剑波
主　编　李燕
副主编　殷雪菲　李昀倩

编　委　姜　辉　王　娟　陈翠翠
　　　　陈汉泽　韩　美　卜灿灿
　　　　温　馨　郭　悦　周　荃
　　　　宗佳男　张莎莎　孙龙飞
　　　　刘欣雨　孙　梅　徐　一
图片编辑　李　爽

山东城市出版传媒集团·济南出版社

图书在版编目（CIP）数据

茶艺美学体验教程：全2册 / 李燕主编. —济南：济南出版社，2022.8
ISBN 978-7-5488-5188-2

Ⅰ.①茶… Ⅱ.①李… Ⅲ.①茶艺-美学-中国-教材 Ⅳ.①TS971.21

中国版本图书馆CIP数据核字(2022)第140020号

出 版 人	田俊林
责任编辑	朱 琦　代莹莹
装帧设计	胡大伟
出版发行	济南出版社
地　　址	济南市市中区二环南路1号（250002）
发行电话	（0531）86131729　86131746
	82924885　86131701
印　　刷	济南新先锋彩印有限公司
版　　次	2022年8月第1版
印　　次	2022年8月第1次印刷
成品尺寸	185 mm×260 mm　16开
印　　张	18
字　　数	300千
定　　价	169.00元（全2册）

（济南版图书，如有印装质量问题，请与印刷厂联系调换）

目录 CONTENT

寻茶篇 / 1
    1. 探寻中国茶的起源 / 3
    2. 文化典籍里的茶 / 12
    3. 中国茶的发展史 / 19
    4. 中国各地茶风俗 / 27
    5. 青山绿水寻茶踪 / 35
    6. 现代生活茶体验 / 40

识茶篇 / 45
    1. 认识茶树叶 / 47
    2. 健康茶的诞生 / 56
    3. 茶中有益成分 / 62
    4. 泡茶是一门艺术 / 67
    5. 茶汤的色香味 / 80
    6. 学会健康饮茶 / 89

辨茶篇（上） / 99
    1. 勇争第一的绿茶 / 101
    2. 绿茶冲泡——狮峰龙井 / 107
    3. 白茶与阳光的邂逅 / 111
    4. 白茶冲泡——白牡丹 / 119
    5. 意外诞生的红茶 / 124
    6. 红茶冲泡——桐木关小种 / 132
    7. 黄茶与花茶的清芬 / 137
    8. 花茶冲泡——碧潭飘雪 / 145

茶是生活良伴，亦是一种文化表达。怀古溯源，一杯茶传承着中国的历史和文化；时至今日，茶文化已融合进现代生活的方方面面。

寻茶篇

1. 探寻中国茶的起源

　　茶的存在贯穿了中国历史。千百年来，一片片嫩叶自枝头采下，经过复杂的加工工艺，变成了一杯清香四溢的茶。人在草木间，茶是人与大自然邂逅所得的杯中精灵；一壶得真趣，茶是历代中国文人墨客的心境依托。数千年成就的中国茶，蕴藏着中国人独特的品性。相同的茶树叶，在中国人手中产生不同的风味。让我们踏上意蕴无限的中国茶之旅，探寻这神奇东方树叶的故事，在自然、科学、历史和文化中尽情遨游。

中国茶的起源

　　中国是最早发现和利用茶树的国家，是茶树的原产地，被称为"茶的故乡""茶的祖国"。20世纪80年代以来，根据众多史学家、植物学家、茶学研究者的研究成果，全世界已公认中国西南地区（云南、贵州、四川）是世界茶树原产地的中心。

　　茶树在地球上存在至少已有4000多万年的历史，而茶被人们发现和利用的准确时间仍旧是个谜。陆羽曾在《茶经》中说："茶发乎神农氏，闻于鲁周公。"传说神

神农氏手绘图

农氏的肚子是透明的。他不论吃下什么东西，都能通过透明的肚子观察到食物在身体里的变化。他立誓要尝遍所有的植物。这一天，他尝到了一片滋味苦涩却清香提神的叶子，发现叶子的汁液正在清理肠胃，仿佛在为身体脏器做检查。于是神农氏便称这种植物为"查"，后来人们又把"查"叫成了"茶"。当然，"神农尝百草"仅作为中国远古神话流传，不足以证明茶的准确发现时间。

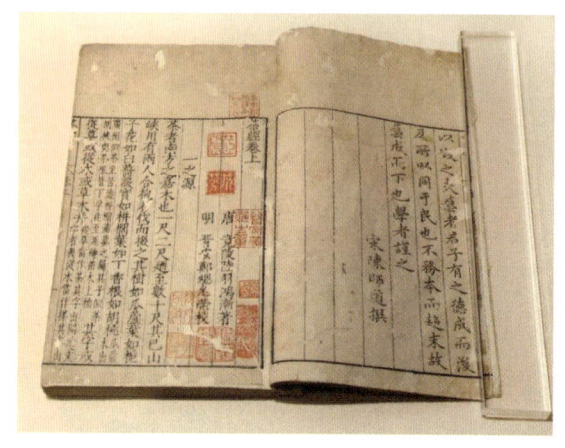

历史典籍中记载的茶

据现有文字记载，中国人在3000多年前已经开始栽培和利用茶树。随着地质变迁及人为栽培，茶树种植及饮茶风俗在中国普及，并由中国传播到全世界。

四球古茶籽化石

关于"中国是茶树的发源地"，除了文字记载之外，近年来在贵州发现了一枚四球古茶籽化石，据测定距今已有100多万年。古茶籽化石的发现无疑为"中国是茶树的发源地"提供了有力证明。

如今我国西南地区生长着一批高龄野生古茶树，依旧保持着原始茶树的形态特征和生化特征，树龄在200年至3000多年之间，这也证明了我国西南地区是茶树起源地的中心地带。据资料显示，其中千家寨1号古茶树已经有2700多岁了，

千家寨1号古茶树

它诞生于春秋战国时期，比孔子年长200多岁，比秦始皇年长500多岁。经测量，千家寨1号古茶树高约25.6米，胸径约0.89米，基部干径1.12米，树幅达22米×20米。茶树的生长期限比人类的寿命长多了，所以以茶喻寿，具有祝福长寿的美好寓意。

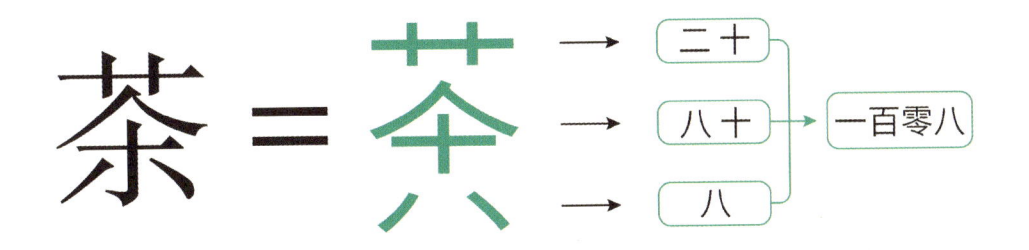

茶 = 茶 → 二十
　　　 → 八十 ┐
　　　 → 八　 ┘→ 一百零八

因"茶"字的草字头为双"十"，相加即"二十"，中间的"人"分开即为"八"，底部的"木"即"十"和"八"。中底部连在一起构成"八十八"，再加上草字头的"二十"，一共是"一百零八"，故称一百零八岁为茶寿。

中国茶用途的演变

一片树叶，落入水中，从此有了茶。一杯香茗，融入了中国人的生活，从此与其密不可分，对其产生了深远的影响。随着时代变迁，茶的功效被挖掘出来，茶的使用范围逐渐扩大，对于社会群体的影响也逐渐加深。

茶在中国最早出现是为药用，《神农草本经》曾记载"神农尝百草，日遇七十二毒，得茶而解之"，证实古人已将茶视为清热解毒的良药。

春秋后期到西汉初期，人们又将茶叶当食物。《晏子春秋》中记载，晏婴当宰相时，非常节俭，饮食上只"食脱粟之饭，炙三弋五卵、茗菜而已"，这里说的茗菜就是用茶叶做的菜肴。这是茶始为菜肴汤料，供人食用的最早的记载。现在云南的一些少数民族还保留着用茶做食物的传统。

茶能成为一种日常饮料，是汉代文人墨客极力促成的社会潮流。当时人们发现

传统红泥炉炭烧煮茶

茶能让人保持兴奋，而这恰恰满足了汉代文人雅士日常写作的需求，继而饮茶的风俗逐渐渗透到社会各个阶段。

汉代是茶由药用、食用之后，转变成饮用的重要时期。从当时的文学作品中就可以看出文人对茶的重视。特别是西汉文学家王褒的《僮约》中记载了茶在四川成为普遍性饮料的情景。书中记载的"烹茶尽具"和"武阳买茶"就是在汉宣帝时期，奴仆的日常工作中需要做的两项与茶相关的事情，其中"烹茶尽具"指的是烹煮茶叶和清洗茶具，说明在西汉时期，茶就已经成为一种家庭必备的饮用佳品。

直到现代，人们对于茶的认知不断深化，茶的多元属性随着科技发展逐渐显现出来。茶含有可鉴定的700多种化学成分，具有抗衰老、提高免疫力、提神、降血压、降血糖、防辐射等功效。这些有益健康的成分，使得茶的应用市场从食品、医学扩展到轻工业、化学工业等众多领域，如制成茶籽油、茶牙膏、茶面膜、茶枕等。

茶，可煮饮解乏提神，可入药祛病保健，可因之赋诗会友，可品之静心宁神。茶，有着"柴米油盐酱醋茶"的生活烟火气，有着"琴棋书画诗香茶"的文墨书卷气……茶有千千面，即有千百种用途，中国茶的使用从单一到多元，与人们的生活紧密结合，令国人乃至世界为之着迷；茶有千千面，即有丰富的历史传承和多元的社会印记，人们把礼仪规范、美好祝福等都寓于其中；茶有千千面，即有许多秘密，待你去发现、探索……

中国茶有讲究

茶带有深深的社会印记。在日常饮茶中,人们把对伦理道德的要求、对未来的向往以及对美好生活的追求,都寄托在一杯茶汤中。

中国自古讲究以茶待客、以茶示礼。从东晋时期的"用茶果宴请宾客",至今日,凡宾客上门,主人必双手奉上热茶,通过茶来表达对客人的尊重与欢迎。茶是友爱相处、增进情谊的媒介,如"吃讲茶"就是一种典型的化解矛盾、一笑泯恩仇的"茶方法"。

宋徽宗赵佶《文会图》

以茶待客的典故和三国时期一位爱喝酒的皇帝有关。相传在三国之前,人们都喜欢以酒待客。三国时,吴国最后一个皇帝孙皓贪酒好饮,他还立了一项恐怖的规定:每位大臣赴宴最少喝七升酒。大臣都很害怕皇帝的邀请,其中有一位酒量小的大臣韦曜非常担心自己喝醉出丑。孙皓得知他的忧虑后,便允许他在宴会上不喝酒而喝茶。后来,"以茶代酒"便流传开来,逐渐演变成了以茶接待客人的习俗。直到今日,无论是"以茶代酒"还是"以茶待客",都是中国人现代生活中表示友好相处的方式。

茶的"讲究",贯穿人的一生。例如有些地方婴儿的"洗三"礼,是在婴儿出生的第三天,用茶水洗头,象征人

婚礼上的茶俗——敬茶

生美好的开头；满月剃头时，要用茶水沐浴，象征长命富贵。

在中国传统婚嫁习俗中，茶扮演着重要角色，有"三茶六礼"之称。"三茶"特指在整个礼仪中有三道茶，分别是订婚时的"下茶"、结婚时的"定茶"以及合卺时的"合茶"；"六礼"指的是旧时的"纳采、问名、纳吉、纳征、请期、亲迎"。在现代婚礼中，也会融合古时的茶习俗，一方面减少了繁文缛节，另一方面则看重茶礼蕴含的文化和祝福。如婚礼中的敬茶环节，不拘形式，不拘器皿，重在表达新人的相敬如宾和对双方父母的感恩孝敬。

在祭祀先人时，茶是表达虔诚敬意的方式之一。中国茶祭历史悠久，以茶水祭祀、干茶或茶壶祭祀都是流传下来的中国茶祭祀方式。南朝时期，梁武帝萧衍曾立下遗嘱："我灵上慎勿以牲为祭，唯设饼、茶饮、干饭、酒脯而已。天下贵贱，咸同此制。"就此开创了以茶为祭的先河。

关于茶的"讲究"，是中国人以茶示礼的文化传承，它融入人们的生产工作和日常生活，表达了丰富的内涵和质朴的哲理。是人们表达、传递情感的寄托。

享受现代茶时光

随着茶文化日益复兴，茶的现代形象更为丰富多元。现代茶生活将传统茶文化与现代生活结合，呈现生活茶的文化属性，构建生活美学空间，让现代人以茶为媒，与多

沉浸式剧场茶会现场

元文化、产业融合，产生新的关系，呈现文化交融带来的美好。茶意盈盈，杯盏琳琅，在原木、铸铁、宋瓷、唐卡、汉服等多元文化环境下，茶的包容性创造了许多现代休闲方式。如以传统文化特色为主的融合书画、表演、花卉、音乐等形式的聚会。

中国作为茶的起源地、茶文化的传播地，茶文化历史悠久。人们还会通过寻访茶园、现场采茶制茶等体验式茶旅，深刻感受茶文化魅力。

茶的多种用途

茶的食用

抹茶饼干 　　抹茶蛋糕 　　龙井虾仁 　　绿茶炒鸡蛋 　　茶籽油

茶的药用

洛神花茶 　　绿茶牙膏 　　白茶面膜 　　茶　枕 　　茶叶粥

洛神花茶：清热解渴，清心降火，改善体质。

绿茶牙膏：清洁消炎，祛除口气，保护牙龈健康。

白茶面膜：去色素，抗氧化，延缓皮肤衰老。

茶枕：杀菌安神，助睡眠。

茶叶粥：化痰消食，益气提神，抗疲劳。

中国茶的故事，从千百年前这片神奇的东方树叶说起，延续至今，几乎贯穿了中国历史。随着社会与科技的发展，茶凝聚了无数先人的智慧，变成现代人生活中的一杯茶饮、一块抹茶蛋糕、一瓶茶元素香水、一种生活小药方等。茶早已渗透到我们的生活当中，滋养着我们的身体，浸润着我们的心灵。

敲黑板

①中国是最早发现和利用茶树的国家，并且世界公认中国西南地区（云南、贵州、四川）是世界茶树原产地的中心。

②中国茶经历了药用、食用、饮用三个阶段。

知识拓展

茶圣陆羽的人生档案

人物：陆羽，字鸿渐、季疵，被尊称为"茶圣"。

特长：烹得一手好茶。

成就：用时二十六年完成了中国乃至世界最早、最完整、最全面介绍茶的专著《茶经》，《茶经》被誉为"茶叶百科全书"。

生平简介：陆羽一生嗜茶，精于茶道，熟悉茶树栽培、育种和加工技艺，并擅长品茗。

相传，陆羽还在襁褓中，就被父母抛弃，由唐代高僧智积禅师捡到，托付给辞官教书的李公夫妇，得名季疵。七八年后李公夫妇思乡情切，就让季疵回到智积禅师身边。智积禅师便为季疵重新取名为陆羽，字鸿渐。陆羽在智积禅师身边煮茶奉水时，习得茶艺之术。

陆羽性格洒脱，曾沿着淮河、长江四处搜集茶叶产制的资料，也曾为皇帝烹水煮茶后留下一首《六羡歌》离开。《茶经》就是陆羽离开皇宫后，用二十六年实地探访、专注撰写的著作，该著作为世界茶业的发展做出了重要的贡献。

课后作业

现代生活中茶无处不在,仔细观察一下,身边都有哪些跟茶相关的人或事。

2. 文化典籍里的茶

中国人的杯子里，怎么能没有茶？千百年来，茶成为人们生活的日常习惯，更是人们精神世界的良师益友。茶，一片小小的树叶，传递出丰富的文化信息。这除了得益于行业工艺技术的不断提升，更与社会活动、文化发展、艺术象征等方面息息相关。可以说，中国人把太多关于美好的向往和追求寄托在茶上面。所以，中国茶文化体量的丰富与生动，是世界上任何一种饮品都望尘莫及的。

文化典籍里的茶

书籍是记录历史永恒的载体之一，关于茶事的探源，也能在书中窥到其脉动。"《尔雅》是最早以文字记载"茶"的古籍，作为中国第一部词典，书内记载有"槚，苦荼"，可惜其旧注已无存。之后晋郭璞《尔雅注》中对"槚"字的解释为："树小，似栀子，冬生叶。可煮作羹饮。今呼早采者为荼，晚取者为茗。一名荈，蜀人名之苦荼。"由此可知茶的形态及功能特征，又可知茶有多种称呼。

《尔雅音图》——影印版封面

东汉末年的名医华佗在《食论》中提到"苦茶久食，益意思"，认为茶味虽苦，但饮用后能让人深思熟虑。可见，茶能提神醒脑的功效早在汉代便被发现。

李时珍《本草纲目》中记载，茶的味道很苦，却最能降火，又能解酒，使人神思清爽，不昏不睡。《吃茶养生记》中记载，茶是养生的仙药，有延年的妙用。茶到了汉代已成商品，汉代王褒《僮约》中就记载了我国最早的茶叶市场。

砂铫煮茶

通过历史上的茶文献，我们可以得知中国有源远流长的茶记载，也进一步证明了中国是茶叶与茶文化的发源地。

中国经典茶文献

有许多经典的茶叶专著从文学、科学、艺术等方面对茶的内涵进行解读。《茶经》是中国乃至世界最早、最全面、最完整介绍茶的专著，被誉为"茶叶百科全书"。该书是唐代著名茶学家陆羽所著，他也因此被称为"中国茶文化的奠基人"。《茶经》是一本综合性论著，内容非常丰富。全书分为"源、具、造、器、煮、饮、事、出、略、图"十个方面，囊括了茶叶的来源、历史、生产技术、泡茶技艺和茶文化内涵等内容。

《茶经》内页

《茶经》不仅从自然科学和社会科学的角度介绍了"茶学"，还融入了儒、释、道三家的文化理念，是一本不可多得的茶学珍藏本。

如果说陆羽的《茶经》汇集了唐代及以前的茶事精髓，那么蔡襄的《茶录》则描绘了宋代的茶生活和茶风尚。蔡襄不仅是北宋一代名臣，还是一位资深的茶学家。《茶录》是蔡襄于1051年给宋仁宗皇帝进的书表，分上下两篇。上篇论茶，言简意赅地对茶叶、泡茶、点茶进行论述；下篇论茶器，对制茶和烹茶的器具有独到的见解。通过阅读《茶录》，宋代文人丰富的茶生活就此展现在眼前。

蔡襄画像

同样展现宋代茶文化的还有"帝王观茶之书"——宋徽宗的《大观茶论》。宋徽宗是著名的艺术家皇帝，不仅在书法和绘画上有很高的造诣，在茶文化美学方面也有很深的研究。《大观茶论》全书共分为二十一个部分，对茶文化有着系统的总结，其中《点》一章被后人热议。"点"即"点茶"，宋徽宗在这一章介绍了"七汤点茶法"，即在盏中

宋徽宗与《大观茶论》

放入末茶，加少量水调成膏状，分七次注入热水，用茶筅击拂。《大观茶论》让我们看到了宋代的茶文化美学注重从技进于道的文化。

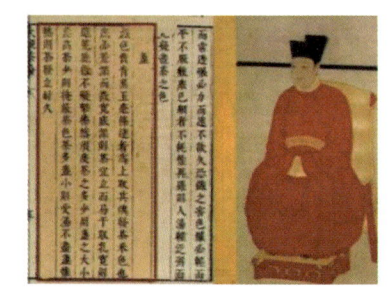

明代也是茶专著颇丰的时期，明代的茶专著约占中国古代茶书数量的一半，有着丰富的文化参考价值。明太祖朱元璋第十七子朱权品格清高，在《茶谱》一书中展现了他"清逸"的审美思想，不仅奉行清甘的茶味、清简的茶器，还注重能够清神的品茶环境。作为明代存世的第一部茶书，其清逸之风影响了此后茶文化的发展。

茶著作对中国茶产业的持续发展起到重要作用。通过研究，我们可以了解各时期的茶生活，欣赏不同的茶意趣，从而获取丰富的文化与艺术精华。

诗歌中的茶时光

"茶圣"陆羽和"茶仙"卢仝都爱以茶入诗,将茶入文,他们将饮茶的体验和对茶的喜爱融入诗中,千古流传。比如陆羽的《六羡歌》——"不羡黄金罍,不羡白玉杯。不羡朝入省,不羡暮入台。千羡万羡西江水,曾向竟陵城下来。"全诗只有34个字,简明扼要,诗中六个"羡"字表现了陆羽爱憎分明,人品高洁,也反映出他处世的态度。

再看卢仝的《七碗茶歌》:"一碗喉吻润,二碗破孤闷。三碗搜枯肠,唯有文字五千卷。四碗发轻汗,平生不平事,尽向毛孔散。五碗肌骨清,六碗通仙灵。七碗吃不得也,唯觉两腋习习清风生。蓬莱山,在何处?玉川子乘此清风欲归去。"这是全诗的精华部分,写出了品饮新茶给人的美妙意境:从第一碗的温润喉部,到第二碗的打破孤独烦闷,再到第三碗的反复思索后得到文字五千卷,洋洋洒洒,神思敏捷。喝到第四碗,就可将所有烦恼抛到九霄云外,表达了茶人超凡脱俗的胸怀与境界。喝到第七碗时,就可以飘飘欲仙了。茶对于卢仝来说,不仅是饮品,更是精神的伴侣。茶把他带到更广阔的精神世界,带给他无比的愉悦。

日本煎茶道相传由中国明代僧人传到日本

与陆羽、卢仝同朝代的还有一位著名诗人,自称"别茶人"。他一生写有茶诗六十余首,数量占据了唐朝茶诗的十分之一。他擅长以茶喻人,喜欢用清浅的笔法传达出内心的淡然,这位老茶客便是唐代著名诗人白居易。

白居易热爱写茶诗,午睡醒了便写下"游罢睡一觉,觉来茶一瓯"这种悠闲惬

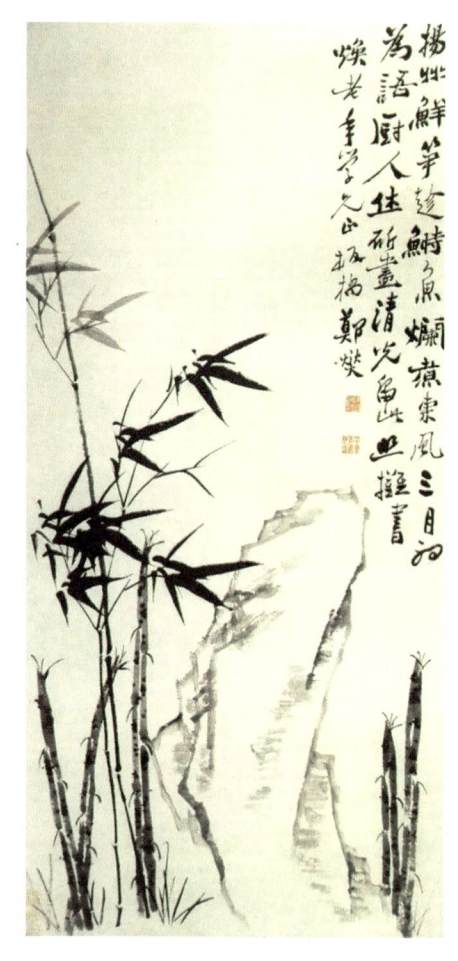

爱茶人郑板桥的《墨竹》

意的茶诗；有朋友寄茶来，就写下"红纸一封书后信，绿芽十片火前春"来表达对茶的喜爱和对友人的感谢；到冬天了就写"吟咏霜毛句，闲尝雪水茶"来记录饮雪水茶的经历。茶对于白居易来说是朋友，是生活中不可缺少的部分，所以他的茶诗多源自现实生活，数量之多可见他对茶的喜爱之深。

唐代茶文化出现并初步得到发展，而宋代饮茶与唐代相比有过之而无不及，上达天子下至黎民，皆喜好饮茶、品茶、斗茶，茶文化也得到进一步的发展。

北宋文学家苏轼也有不少与茶有关的名篇佳作。其中，《煎茶》诗系列就非常出名，如《汲江煎茶》："活水还须活火烹，自临钓石取深清。"本诗描写了取水、煎水、煎茶、饮茶的全过程，表现了作者对茶的喜爱以及从容的人生态度。另一首《试院煎茶》"蟹眼已过鱼眼生，飕飕欲作松风鸣……"描写了在寒冷冬夜煮茶的过程，是一首蕴含丰富感情、脍炙人口的茶诗。除此之外，《次韵曹辅寄壑源试焙新芽》中的"戏作小诗君一笑，从来佳茗似佳人"也是千古流传的一首意味深长的茶诗。

《武夷精舍杂咏》之《茶灶》中写道："仙翁遗石灶，宛在水中央。饮罢方舟去，茶烟袅细香。"以此来赞叹茶的美妙。此诗一出便流传于世。这篇名作的作者便是融儒、道、佛于一家的南宋一代宗师朱熹，他一生与茶结缘，对茶有独到的研究。他在《咏武夷茶》中写道："咀罢醒心何处所，近山重叠翠成堆。"在《茶坂》中写道："携籝北岭西，采撷供名饮。"两首诗体现了茶的作用，表达了作者对武夷茶的喜爱。朱熹辞官回乡后对于茶文化更是喜爱，甚至躬耕于茶园，专心研究茶文化。

明代的茶文化主张契合自然，茶与山水、天地、宇宙交融，茶人友爱，和谐共饮。才子唐伯虎一生爱茶，他对茶的热爱不止体现在诗文上，还体现在他的画作上。"买得青山只种茶，峰前峰后摘春芽"出自唐伯虎《品茶图》中的自题诗。画中春见山容，茶山翁郁，左下角的童子扇炉煮水，正中的雅士手握茶盏，悠然之态溢出画外。《品茶图》就像唐伯虎当时生活的"录像"，他远离尘俗，在山水间读书品茶，尽显生活的闲暇诗意。比起功名利禄，饮茶更在意人与自然的融合。

在清代，"墨兰数枝宣德纸，苦茗一杯成化窑"。爱茶人士郑板桥与茶文化也有着不解之缘。他对于茶文化的喜爱在他的《题画诗》中可见一斑："最爱晚凉佳客至，一壶新茗泡松萝。"

敲黑板

①《茶经》是世界第一部综合性茶著作，其作者唐代陆羽被誉为"茶圣"。

②《大观茶论》为宋代皇帝宋徽宗赵佶所著，展现了宋代的茶贸易和茶文化的兴盛景象。

③《茶谱》为明太祖朱元璋第十七子朱权所著，朱权不仅偏好清甘的茶味、清简的茶器，还注重品茶的环境。

④以茶入诗的文化名人有白居易、苏轼、朱熹、唐伯虎、郑板桥等。

知识拓展

"茶"字的变形记

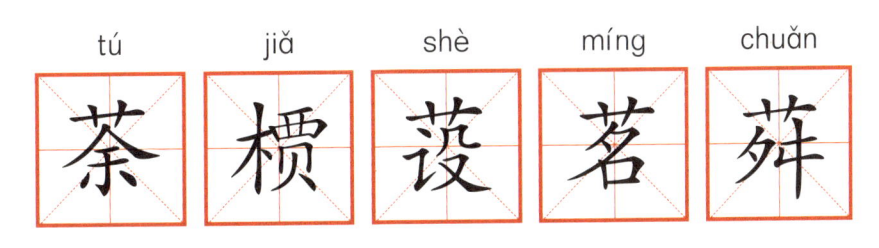

tú	jiǎ	shè	míng	chuǎn
荼	槚	蔎	茗	荈

陆羽定下"茶"字后,民间称呼茶"一曰茶,二曰槚,三曰蔎,四曰茗,五曰荈"。

茶——苦菜是茶的本义,味苦涩,所以,便用来借指同样具有苦味的茶。

槚——《说文解字》:"槚,楸也,从木、贾声。"贾有"假""古"两种读音,"古"与"茶""苦茶"音近,因茶为木本而非草本,遂用槚来借指茶。

蔎——《说文解字》:"蔎,香草也,从草设声。"蔎本义是指香草或草香,因茶具香味,故用蔎借指茶。

茗——茗,古通萌。《说文解字》:"萌,草木芽也,从草明声。"茗是指草木的嫩芽。

荈——荈是指粗老茶叶,苦涩味较重,所以《茶经》称:"不甘而苦,荈也。"

课后作业

一起背诵文中《七碗茶歌》的内容,体味诗歌中的茶文化。

3. 中国茶的发展史

中华上下五千年的文明中,茶叶的身份,不仅是作为生活的"茶饮料",也承载着一方的和平,支撑国家经济,推动社会文化的进程。回望不同的历史时期,茶究竟为我们中华民族做出了怎样的贡献呢?我们就一起来看看饮茶风气较为兴盛的几个朝代吧。

唐代茶传播与茶影响

唐朝饮茶已经蔚然成风。强大的唐朝与周边国家频繁往来,形成了万国来朝的繁盛局面。饮茶习惯开始向周边大小国家和地区扩散。茶叶的魅力令世界各地人民折服,成为各地区友好交流的重要物资之一。

唐太宗时期,松赞干布统一的吐蕃与唐朝边境接壤。为了巩固统治,吐蕃向强大的唐朝靠拢。松赞干布求娶一位有皇家血统的女子为妻。就这样,文成公主嫁进了西藏。嫁妆有蚕种,还有成串的茶膏。随着汉藏文化的交流,藏族开始有了饮茶的风尚,甚至达到"宁可三日无粮,不可一日无茶"的程度。

随着中国历史上唯一一个女皇帝武则天登基,佛教更加兴盛,长

文成公主出塞

现代复原的径山茶宴

安佛寺大兴。古代僧人戒律森严，有严格的作息时间。他们每天起床很早，然后诵经、坐禅、习武等，晚上十点前休息，而茶的存在能够让他们保持清醒。唐代僧人百丈怀海禅师在《百丈丛林清规》中写到，僧人一天应该饮茶两次，上下午各一次（上午10点与下午3点左右）。喝茶前，在茶堂外打茶鼓，通知喝茶的时间到了。这时，每个和尚捧着自己的钵，鱼贯而入。茶堂由茶头管理，由专人舀茶，进入茶堂要噤声，只能喝一碗。可见，僧人并非闲来无事才会饮茶，而是将茶作为修行中的常伴之物。

茶作为饮料在唐代开始普及，从上层贵族开始走向平民，功能也从药用逐渐变成饮品。唐德宗贞元九年（793），朝廷开始征收茶税，以增加财政收入。当年始收入40万贯，此后，茶税渐增。唐文宗大和年间（827—835），江西饶州浮梁是全国最大的茶叶市场，"每岁出茶七百万驮，税十五余万贯"。唐代诗人白居易在《琵琶行》中还写下"商人重利轻别离，前月浮梁买茶去"的著名诗句，也从侧面反映了茶叶贸易在唐朝的繁盛。

伴随着佛教文化的兴盛，唐朝茶叶开始通过佛教文化进入日本。日本历史文献上记载，日本僧人最澄随着遣唐使来到中国，在天台山佛陇寺学习了一年的牛头禅要和天台宗教义，805年返回日本。中国僧人将茶叶作为最珍贵的礼物奉送给他。回国之后，最澄将茶籽种在京都比睿山草庵旁，这便是日本最早关于种茶的记载。

宋代茶工艺与茶经济

茶文化在宋代进一步发展，茶的工艺得到了提升。相比唐朝，宋代制茶工艺愈加烦琐。其中北苑贡茶院生产的"腊茶"是宋代茶的上上品。一饼腊茶需要经过采、拣、洗、蒸、榨、研、压模、造茶、焙等流程，再加上婆罗洲的龙脑膏茶，其制作工艺代表着宋代茶的最高水平。当时的一饼腊茶能卖到铜钱40贯，足够寻常人家生活一年。

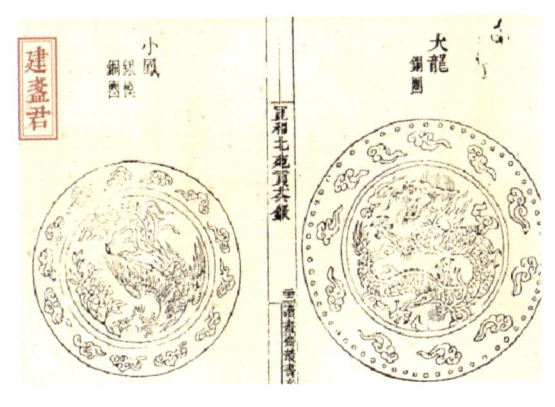

宋代龙团凤饼图样

除了腊茶，宋代还出现了龙团凤饼。与一般茶品不同，龙团凤饼的制作过程为蒸煮后又研成茶末放入专门的模具压制成饼，在茶身上印出龙凤的图案，观赏性极高。精致的龙团凤饼显示出皇室审美的尊贵。相传，宋代政治家、书法家及茶学家蔡襄为了满足当时皇室的需要，着手改制龙团凤饼。他在茶叶的选择上要求更为严格，做工也更为精细，最后制成了十饼为一斤的"小龙团凤饼"，无论口感还是包装，都比原本的龙团凤饼更为优质，其价格也尤为昂贵。小龙团凤饼曾得到宋徽宗赵佶的赞美，名冠天下。

宋代的龙团凤饼是我国古代蒸青团茶的历史高峰，为后代茶叶形制技术奠定了基础。直到今天，云南依旧有沿袭古制法制作龙团凤饼的传统，并且发展为团茶、沱茶、茶饼。许多茶店中，依旧使用龙团凤饼作为招牌。

点茶兴盛于宋代，是文人雅士最重要的娱乐活动之一。宋代人沏茶时有"点茶法"。点茶是用单手提执壶，使沸水由上而下，直接将沸水注入盛有茶末的茶盏内，使其形成变幻无穷的图案。因此，注水的高低、手势的不同、壶嘴造型的不一，都会在茶汤表面形成不同的图案。

宋刘松年《茗园赌市图》

宋代点茶不只喝茶这么简单，有趣的宋人也会在茶上作画，比试自己的绘画功底。宋代是极讲究茶艺的时代，朝廷中上起皇帝，下至士大夫，无不好之。点茶是朝廷官场待客之礼，也是宋代斗茶所用的方法。斗茶，即比赛茶的优劣，又名斗茗、茗战。此艺始于唐，盛于宋，是古代人的一种雅玩，胜负色彩很强，富有趣味性和挑战性。斗茶者各取所藏好茶，轮流烹煮，品评分高下。古代茶叶大都做成茶饼，再碾成粉末，饮用时连茶粉带茶水一起喝下。斗茶，为多人共斗或两人捉对"厮杀"，三斗二胜。

明代茶马互市情景

宋代茶业的发展不仅体现在社会层面，在国家经济层面也显得尤为重要。宋代建国后，宋太宗做的第一件大事，就是争夺游牧民族契丹占领的北方领土。在当时，契丹的战马有180万匹，宋军仅有20万匹，兵力相差悬殊，结果是大败而归。为了增加实力，宋军只好向吐蕃购买战马，但是战马价格昂贵，买马的开支一年高达10万两白银。于是宋代设立茶马司，用川茶交换藏马，据记载，一匹藏马的市价可抵得上一百斤茶叶，而在1121年，宋代以茶易马的数量，就达到22834匹。

茶马贸易虽然成为国家掌控经济的利器，但在另一方面，也推动了各民族间的文化交流。茶经商人带到了西伯利亚、中亚等地，同时各国的商人也习惯带着香料、珠宝来到中国，这些都证明茶叶曾成为中国对外交流的名片。

明清茶演变与茶经济

明清时期，中国茶文化得到充分的发展。茶的贸易繁荣，茶的工艺和饮用方式都在不断创新，形成了一个崭新的茶文化世界。

明代尤为突出的，是饮茶方式的重大变革。当时龙团凤饼的制茶工艺复杂，需耗费太多的人力物力。而明太祖朱元璋少时贫穷，深知社会底层百姓的辛苦。他知道继续制作龙团凤饼，会让茶距离百姓的生活愈来愈远。为了让普天之下的百姓都能享受饮茶的快乐，朱元璋便以国家法令的形式废除了团饼茶，推行更加方便制作的散茶。散茶简化了茶叶制作的工序，增加了茶叶的产量，也增加了国家的税收。而茶叶的品饮从此由煎煮茶变为随喝随泡的泡茶法，泡茶法逐渐发展成为饮茶的主流，并一直沿用至今。

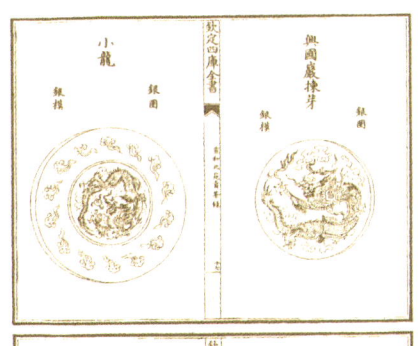

龙团凤饼图

清代，茶已经走进千家万户，多了一分烟火气息。世俗化的茶，与人们的生活更加密切。在清代，你能看到街道两旁耸立的茶馆人来人往；码头上，茶叶贸易繁荣，这些都说明了清代饮茶、茶聚已经成为人们日常生活的一部分。清代茶馆的文献记载表明，在乾隆时期仅杭州就有大小茶馆八百多家。

以茶聚会受到王公贵族的追捧，其中清代的"三清茶宴"极负盛名。据记载，"三清茶宴"为乾隆所创，固定在每年的正月初二至初十举行，宴会上所用的三清茶是由皇帝亲手制作，内有梅花、佛手、松子。据统计，"三清茶宴"在清代举办过43次之多。

清代茶叶贸易日益兴盛，由海路走向世界，曾一度垄断了世界茶叶贸易市场。清初，茶叶贸易仍然是官府负责，百姓不得贩卖私茶。茶区每年将新茶上贡朝廷，其余茶叶由政府管控贸易。到了康熙中期，马匹匮乏的情况得到缓解，海禁也解除，茶叶对外贸易开始发展起来。

19世纪，中国是第一茶叶生产大国和出口大国。我国茶叶源源不断地大量输往世界各地，成为当时清朝对外贸易的唯一大宗商品，茶叶出口呈现一片繁荣的景象。以英国为例，我们看一下清朝对外的茶叶贸易。

① 1664年，英国首次从中国进口茶叶100磅。

② 1678年，进口增长到4713磅。

③ 1684年，进口高达38390磅。

④ 1750年，进口470万磅（不含走私的数量，因为当时的茶税很重）。

清高简《松林煮茶》

⑤ 1799年，进口2300万磅（此年乾隆帝驾崩）。

⑥ 1879年，进口1.36亿磅（鸦片战争后清朝被迫开放了对外贸易）。

从这组数字我们可以看出，英国对茶叶的需求量逐年增加。鸦片战争以后，由于鸦片和洋货大量涌入中国市场，为弥补外贸收入，清政府加紧了丝绸、瓷器、茶叶的输出。在中国的沿海地区，如福建、上海等地纷纷建立起商会组织。

在这一次穿越时间的茶旅中，不难发现，茶文化是我国社会文化的重要组成部分。茶与政治、社会、经济息息相关，在不同的历史时期，茶都创造了独特的文化，也为我们体验现代茶生活积累了众多理论知识与实践经验。

敲黑板

中国饮茶方式的变迁主要集中在唐宋明清四个时期。唐代以茶外交，宋代以茶商贸，明清更让茶叶贸易影响东西方世界的消费，从而让中国成为世界第一大茶叶出口国。

知识拓展

1. 茶叶的历史。

茶的历史

- **远古时期**：人们从野生的茶树上采下嫩枝，先是生嚼嫩叶，随后将鲜叶加水煎煮成汤汁饮用。

- **春秋战国时期**：人们将茶叶、葱姜、陈皮、茱萸等加水煎煮成茗粥或用茶叶做成茗菜。

- **秦汉**：作为一种饮品推广，茶叶开始商品化。

- **魏晋南北朝**：饮茶之风迅速推广，茶在南方成为士大夫的普遍饮品。

- **唐代**：陆羽《茶经》问世使"茶事大兴"，唐代茶饮由此日益兴盛，奠定了中国茶文化基础，同时，茶叶由僧侣传至海外，茶文化开始外传。

- **宋代**：茶叶中心开始南移，建茶崛起。建茶是指广义的武夷茶区，即今闽南南岭一带。

- **元代**：随着制茶技术不断提高，元朝出现了机械制茶，大大提高了制茶效率。

- **明代**：明代茶叶逐渐由饼茶转为以散茶为主，茶叶炒制技术向新阶段发展。

- **清代以后**：泡茶法步骤简单，使茶变成了生活中的普通饮品。随着海外贸易的发展，茶叶逐渐为世界民众所接受，茶成为世界三大饮料之一。

2. 历史上不同时期的泡茶方式。

唐朝 —— 煮茶

选择稍大一些的碗，将适量的茶叶放在茶碗中，加水，用汤匙舀汤入公道杯或直接分茶汤入品茗杯。

宋朝 —— 点茶

先将饼茶碾成细细的粉末，注入沸水，为了使茶末与水融为一体，一手注水，一手用茶筅快速击打，茶水充分交融，并使茶盏中出现大量白色茶沫。日本的抹茶道起源于此。

清朝 —— 泡茶

康熙年间开始流行一种泡茶方式，就是使用"盖杯"或"盖碗"来泡茶。

课后作业

去找一本关于茶历史的书籍，看看唐代茶文化是怎样传入日本的吧。

4. 中国各地茶风俗

> 桃花源里喝擂茶,雨前西湖品龙井,广东凉茶消暑气,酥油奶茶暖身心……茶俗是中国民间风俗的重要组成部分,也是中国茶文化平民性的体现。中国的茶俗多姿多彩,这里,我们对各地的茶俗做一番探索。

各地茶俗大不同

一方水土养一方人,一杯茶也滋养着一方人。在幅员辽阔的中国,有着不同的地域风俗,爱茶懂茶的中国人让每个地方都洋溢着茶香。中国各地,从北到南,从东到西,我们不仅能感受到与茶相关的风土人情,还有那底蕴深厚的传统文化。

大碗茶

如果你在街上看到人们端着茶碗大口饮茶的模样,那一定是来到了北方。用大壶泡茶、大桶装茶、大碗喝茶的老北京大碗茶自明代就很活跃。它不仅在茶馆、茶楼贩卖,在街边的茶摊、挑担里也能看见。大碗茶所用的茶叶并没有硬性规定,可以根据客人的要求选择,放在水里煎或煮即可。

不仅如此,比起细品,畅饮才是大碗茶的最佳喝法。接地气的大碗茶

老北京大碗茶

以它特有的韵味存在，体现了北方人粗犷豪爽的性格。由此可见，随性洒脱是大碗茶的文化基因。

潮汕工夫茶

与北方的大碗茶相比，南方的工夫茶则讲究得多，泡茶和品尝都需要一定的工夫。工夫茶源起于宋代，盛行于广东的潮汕地区。在该地区"工夫"包含细致、考究等意思，体现在精制的茶叶和茶具以及沏茶和品茶的礼仪当中。潮汕工夫茶主要使用的茶叶是抗湿消暑的乌龙茶。饮茶时首先要下功夫的是茶具，其茶具虽多，但有"四宝"是必备的，分别是潮汕炉（火炉）、玉书煨（茶锅）、孟臣罐（茶壶）、若琛瓯（茶杯）。工夫茶的冲泡步骤十分复杂，不仅有纳茶、冲茶等常规步骤，淋罐、烫杯等也必不可少。品茶时，一小杯需分三口喝完，整个过程体现着"和、敬、精、乐"的精神内涵。凭借考究的礼仪和独特的思想，工夫茶是中国民间茶俗的代表之一，成为中国茶艺的活化石。

现代潮汕工夫茶席

九道茶

从东南沿海地区再来到西南地区，云南昆明一带的九道茶极具代表性。九道茶因有九道程序而得名。这九道程序是"赏茶、洁具、置茶、泡茶、浸茶、匀茶、斟茶、敬茶、品茶"，每一道都讲究细致文雅之礼，每一道都流露出温馨待客之情。因多用于家中迎接宾客，故又称为"迎客茶"。

云南九道茶

四川盖碗茶

在西南地区，流行于四川的盖碗茶也值得一提。盖碗茶不是特指某款茶，而是指配制茶，其中三香茶和八宝茶最为常见。盖碗茶选用的是上有盖、下有托、中有碗的茶器，体现"天盖之（茶盖）、地载之（茶托）、人育之（茶碗）"的人文思想，因此品尝盖碗茶也是品尝"天、地、人"合一的特殊韵味。

美味少数民族茶

藏族酥油茶

在中华民族大家庭中，有一些少数民族不仅在重大场合中以茶为礼，在日常生活中更是嗜茶如命。

我国的游牧民族，如藏族、蒙古族在日常生活中对茶极为偏爱。比起"饮茶"，他们更喜欢"食茶"，例如藏族的酥油茶、蒙古族的奶茶。茶在他

藏族酥油茶

们的饮食结构中有着不可或缺的地位，牧人食用完高脂肪、高蛋白的牛羊肉和奶制品后，喝上一杯去腻消食的茶显得尤为重要。因此在西北少数民族中，有"一日无茶则滞，三日无茶则病"的说法。

藏族人民生活在号称"地球第三极"的青藏高原上，高寒的高原气候，严酷的

生存环境，造就了藏族独具高原特色的饮茶文化。藏族的酥油茶是藏族人民日常饮食中的必备之物，口感油香醇美，风味独特。它用酥油和砖茶熬煮并佐以食盐，还需要用木柄反复捣弄，当呈现乳状时即可出锅，并和主食一同食用。敬酥油茶是藏族招待宾客的重要礼节。当作为客人被敬以酥油茶时，则需注意不要将碗里的酥油茶喝干，留一点漂着油花的茶底才更符合藏族人民的习俗。

蒙古族奶茶

草原上有蒙古包的地方，经常弥漫着蒙古族奶茶的芳香。奶茶制作原料十分简单，砖茶、奶和水即可。不缺好奶的蒙古族人民不仅用牛奶、羊奶，还会用马奶和驼奶搭配砖茶熬煮奶茶，所用的砖茶多为红茶、黑茶或青茶。热情好客的蒙古族人民在用奶茶待客时会穿戴整齐，并用双手奉上，体现其对宾客的尊敬友好。

蒙古族奶茶

蒙古族人民喜欢煮奶茶，一般要用铁锅进行烹煮。煮奶茶之前，要把砖茶打碎，把洗干净后的铁锅放置于火上，在里面加入水；当水刚刚烧开的时候，倒入砖茶；然后再把水煮沸腾，待5分钟后加入牛奶，边加入边搅动，然后再加入适量的盐；煮到整锅奶茶沸腾时，才算真正把奶茶煮好了。

土家族擂茶

土家族千百年来流传着一种古老的擂茶，又被称为"三生汤"。它是土家族的常备饮品，同时敬奉擂茶也是土家族招待客人的传统礼节。

传说三国时期的张飞率兵进攻武陵壶头山，正值盛夏，军队路过乌头村时，军士个个筋疲力尽。这一带又流行瘟疫，数百将士病倒了，无法行军，只好在此处安营扎寨。当地有位土家族老

擂茶

人，见张飞军纪严明，所到之处，秋毫无犯，非常感动，便主动献出了祖传秘方——擂茶。士兵服后，病情好转，避免了瘟疫的传播。为此，张飞十分感激，称老人为"神医下凡"，说："真是三生有幸！"这也是"三生汤"名字的由来。

喝茶待客同样也是土家族的习俗。当地人为了招待客人，制作擂茶以示敬重之意。一般会将芝麻、绿豆、花生等十种原料在特制的擂钵里捣磨，制成细末后加入沸水煮泡，最后用小碗盛出端给贵客。擂茶要趁热喝下，辣、咸、涩等多种滋味在嘴里散开，让人顿觉舒适。

傣族竹筒茶

傣族喜欢用竹筒茶招待客人。竹筒茶的制作有装茶、烤茶和取茶三步。主要是将晒干的春茶或晒青的毛茶放入一年生长期的嫩香竹筒中烘烤，因此竹筒茶既有茶叶的清香，又有嫩竹的甜香。想象一下，作为傣家人招待的贵客，在澜沧江畔的竹楼之上，饮一口清甜的竹筒茶，是何等的心旷神怡。

傣族竹筒茶

除了生活饮食和招待客人，茶在少数民族的特殊场合中也扮演着不可或缺的角色。例如在婴儿出生时，蒙古族会用温茶水给婴儿沐浴，祝愿其身体健康；在婚嫁中，茶贯穿在提亲、定亲、迎娶等环节中。

中国的茶俗具有明显的差异性，各民族的文化都在茶中体现。少数民族的茶俗，是少数民族人民对自己族群文化的一种传承和展现，也反映了他们对生活的热爱和对美好生活的向往。这些茶俗也是我国茶文化多样性的体现。

当茶与艺术碰撞

从不同地区和不同民族的茶俗中,我们感受到了丰富而浓烈的人文气息和生活情趣。此外,人们所创造的茶歌、茶舞、茶戏等艺术形式也对中国茶文化有着重要影响。

茶歌源于我国早期的茶叶采摘和生产过程中,它不仅是一种茶俗,还是我国非常重要的非物质文化遗产。例如江西景德镇的茶歌《采茶忙》,通过轻松明快的节奏,不仅描绘了茶树碧绿连绵优美的自然风光,更抒发了茶农对茶的热爱和茶丰收时的喜悦。

茶歌不仅有机融合了音乐和茶,还将茶乡人民的生活形态演绎得栩栩如生。

茶歌表演

茶舞也是一种重要的艺术表演形式。优美的舞蹈动作展现了人们茶生活的常态,带有浓郁的地方风格。赣南地区的采茶舞是茶舞的代表,具有鲜明的戏剧特色,其中有与生活联系紧密的矮子步、变化多端的扇子花、别具一格的单水袖等表现形式。在茶舞中,不仅能看到许多自然事物的影子,也能看到人们对自然和生活的崇敬之情。

茶舞表演

茶戏在发展的过程中,吸取了歌曲、舞蹈等多种艺术形式,成为一种兼容并包的艺术类型。茶戏最早起源于赣南地区，在中国广阔的茶区中与各地的地域特点和茶文化碰撞，逐渐形成了具有浓厚地方特色的戏曲文化，因此，它对地方文化建设有着重要的意义。采茶戏的唱词是研究方言的重要途径，因为在采茶戏中一般较少运用华丽的诗词歌赋，而是用纯朴的方言来推动剧情、塑造人物。

茶戏表演

无论是茶歌的生动唱词、茶舞的自然展现，还是茶戏的地方特色，都显示着巨大的艺术价值。中国民间茶俗不仅具有历史性，还具有地域性和艺术性，是集不同地方特色、民族思想和艺术内涵为一体的风俗。

敲黑板

①中国北方饮茶方式代表——北京大碗茶。

②中国南方饮茶方式代表——潮汕工夫茶。

③中国西南饮茶方式代表——云南九道茶。

④中国西南饮茶方式代表——四川盖碗茶。

⑤各民族的特色茶俗：藏族酥油茶、蒙古族奶茶、土家族擂茶、傣族竹筒茶。

⑥中国民族茶俗不仅体现在饮茶方式上，而且在茶的基础上又延伸出茶歌、茶舞与茶戏。

知识拓展

地域对饮茶习惯的影响

"千里不同风，百里不同俗"。我国地大物博，人口众多，自古以来南北差异、城乡差异大，各地区有着风格各异的茶俗。就茶叶种类和风味而言，江南，尤其是江浙皖三省，以饮绿茶为主，因其香清、味醇、色碧，既能品饮，又可观赏。华南、西南一带的人喜爱红茶，其色泽乌润，味厚而带焦苦，有麦芽糖香。北方消费者尤其宠爱花茶，因花茶能保持浓郁爽口的茶味，兼蓄鲜灵芬芳的花香。福建、广东一带喜欢乌龙茶，因其有红茶的甘醇，兼具绿茶的清香，回味甘鲜。西北少数民族爱好紧压茶，因其便于长途运输和贮存，茶味浓而醇厚，适合调制奶茶和酥油茶，以佐糌粑和牛羊肉食用。各个地区的饮茶习俗、文化又争奇斗艳。不同的茶俗，反映了不同民族、地区、国家的不同价值理念和文化取向。

课后作业

通过一杯茶来探寻中国地域文化，每一种茶俗都体现了当地的风土人情和文化底蕴。课后，同学们可以尝试亲自动手制作一种民间特色茶饮，如酥油茶、咸奶茶、擂茶等，并用短视频形式记录一下。

5. 青山绿水寻茶踪

茶起源于云南,经过数千年的演变,已遍及世界各地。人们追寻茶的踪影,探寻全国各地的茶园、茶山,在一杯茶汤中体会当地的风土人情。

正所谓,好山好水出好茶,跟随名茶,我们来认识一下各地的茶山。

西湖佳茗似佳人

杭州位于我国东南沿海地区,有着"人间天堂"的美誉,以风景秀丽著称于世。作为风景与茶文化并存的旅游城市,到杭州品尝龙井是必不可少的旅游项目之一。

杭州属于亚热带季风气候,四季分明,自然条件优良,极适宜茶树生长。产茶的地方主要集中在狮峰山、龙井村、灵隐、五云山、虎跑、梅家坞一带。

西湖龙井

其中最负盛名的绿茶便是狮峰龙井与西湖龙井。相传乾隆下江南的时候,曾品尝过龙井茶,并将胡公庙的十八棵龙井茶树列为贡茶,从此杭州龙井开始闻名天下。

在杭州,不仅能品尝到西子湖畔的龙井茶,还能领略众多茶园风光。龙井的重要产地——龙井村,是所有爱茶人士的首选地。在这里,你可以体验采摘与制作龙井茶。此外，在浙江省淳安县，风光奇特的千岛湖不仅值得观赏，当地生产的千岛银针更是味道独特，闻名世界。它们都是中国绿茶文化中重要的代表。

峨眉禅茶——竹叶青

"云上金顶，天下峨眉"，说的便是位于中国四川省境内的峨眉山。峨眉山以雄、气、秀、险、幽的壮丽景色闻名于世。作为中国重要的茶文化发展地，峨眉山凭借"高山云雾出好茶"的自然优势，为大量野生古茶树群和茶园提供了天然的生态环境。

峨眉山的茶文化有三千余年的历史，是禅茶文化的发源地之一。唐朝以茶供佛，以茶斋僧，促使峨眉山上的寺庙都有自己的大片茶园。峨眉山的昌福禅师著《峨眉茶道宗法清律》一书，以其"人水合一、人茶合一、人壶合一、天人合一"的四大茶品，汇集茶人、茶道、茶事的理念；揽天地山水、人文性情于一体，并传授茶法给众僧人，后来其理念逐渐形成独特的茶禅文化。

峨眉山茶园茶山风景

在万历年间，朝廷曾将万亩茶园赏赐给万年寺，让僧人精心制作出茶叶上贡给朝廷。20世纪60年代，朱德、陈毅、贺龙三位元帅都曾到此品鉴过，"竹叶青"便是陈毅取的名字。竹叶青属于绿茶，最早由万年寺的觉空和

竹叶青干茶

尚创制。

来到峨眉山,必然会登上金顶。这里是峨眉山寺庙和胜景最集中的地方,你可以在此感受中国佛教文化、体验峨眉山禅茶文化。若是喜爱峨眉雪芽,则可到峨眉山上的白岩峰、赤城峰、玉女峰、天池峰游历一番,品茶的同时,欣赏峨眉山独特的喀斯特地貌,其千峰百峦、跌宕起伏、云雾缭绕、奇幻莫测的景观定会让你流连忘返。

云南临沧——曼岗石生茶

人们印象中的云南,四季如春,是彩云之南,也是世界上茶树的原产地。在这片肥沃的土地上,诞生了人们熟知的普洱茶。而在普洱茶之中还有一种古茶,生长在临沧曼岗的岩石上,它就是曼岗石生茶。

曼岗石生茶的形成有三大原因:

一是独特的地形地貌。曼岗岩茶,茶石共生,"烂石生好茶"是祖先总结出的规律,而事实上,中国的好茶诸如福建境内的武夷岩茶、广东潮州地区的凤凰单丛,都是茶石共生的典型代表。

二是独特的地理位置。曼岗地处澜沧江西岸,大雪山向东延伸方向,与昔归古茶区比邻,海拔1600~1900米,年平均气温16℃,年降水量1350毫米,形成了曼岗独特的茶区气候。

三是独特的品饮价值。曼岗茶独特的树种、独特的地理位置加上独特的地形地貌,让曼岗茶形成了独特的风味。曼岗古茶从开汤到尾水都弥漫着一股馥郁的山野花香,口感鲜爽,

从石头缝里长出来的曼岗古茶树

岩韵明显。

曼岗茶条索分明，汤色透亮，茶气柔中带刚，层次饱满，舌根的苦涩和舌尖的鲜甜气息形成鲜明对比，在整个口腔中异常明显。山野花香充斥整个口腔，却又要慢慢细品才能有所回味。

云南省位于我国西南部，地理位置特殊，地形复杂，区域性差异明显，拥有独特的气候环境。曼岗的古茶园受地壳运动影响，奇石密布，茶石共生，烂石之下，茶树扎根数米之深，土壤内含物质丰富，树龄高达250多年。古茶树分布在靠大雪山半山腰一带，与茂密葱郁的森林融为一体。古茶树是云南省的活化石，多生长在人迹罕至的深山老林中，异常珍贵。

云南古茶树生长环境

云南的降水量充沛，但是北部地区降水少于南部地区，所以茶区出现了"北苦南涩，东柔西刚"的特质，产生了著名的六大茶区：西双版纳茶区、普洱茶区、临沧茶区、德宏茶区、保山茶区和大理茶区。

许多人会折服于云南带给人的温柔。在洱海边迎风听海，品尝白族三道茶的"苦、甜、回味"，感悟人生百味；夜晚漫步丽江古城，选一家茶馆，坐下斟一杯普洱，穿越古今；去往香格里拉，到藏民家中喝一杯浓香的酥油茶，都是一种难得的享受。

敲黑板

① 杭州名茶不仅有西湖龙井，还有余杭区的径山茶、淳安县的千岛银针等。

② 临沧曼岗石生茶因其古老的树种、独特的环境，形成了独特的风味，鲜爽度很高，岩韵明显。

知识拓展

中国四大茶区

中国茶园一般分布在江北、江南、西南、华南四大茶区。

江北茶区是我国最北的茶区。茶树大多以灌木型中叶种和小叶种为主，因为昼夜温差大，所以茶树品质好。代表茶为河南信阳毛尖、山东日照绿茶、陕西安康银峰、甘肃陇南绿茶。

江南茶区是中国的重点茶区，种茶历史悠久，历史名茶甚多，茶树资源丰富，中国目前已审定或认定的良种均出自该茶区。代表茶为江苏碧螺春、安徽祁门红茶、浙江西湖龙井、江西宁红工夫、湖北恩施玉露、湖南安化黑茶。

西南茶区是中国最古老的茶区，是茶树的原产地，茶树资源较多。由于这里气候条件较好，适宜茶树生长，所以茶树的种类也多，有灌木型和小乔木型茶树，部分地区还有乔木型茶树。代表茶为四川雅安康砖、蒙顶黄芽、重庆缙云毛峰、巴山银芽、贵州都匀毛尖、遵义红茶、云南普洱茶、滇红、月光白、西藏林芝春绿、野生雪茶。

华南茶区属于森林覆盖下的茶园，土壤肥沃，有机物质含量高。全区茶树资源极其丰富，汇集了中国的许多大叶种（乔木型或小乔木型）茶树。代表茶为福建武夷岩茶、福鼎白茶、广东凤凰单丛、英德红茶、广西六堡茶、凌云白毫、海南白沙绿茶、金鼎翠毫、台湾冻顶乌龙、东方美人。

课后作业

通过了解中国各地茶山以及品味各地茶的风味，你最喜欢哪个地区？课后查阅资料，制定自己最喜欢的茶旅线路，向大家介绍你想象的茶旅中，大概会有哪些经历。

6. 现代生活茶体验

中国是茶的国度。中国人的生活既有"柴米油盐酱醋茶",也有"棋琴书画诗酒茶"。日常生活少不了茶的存在,闲情雅趣中茶也别具魅力。总之,茶是中国人不可或缺的必需品,更与美好生活息息相关。

早茶

在广州,盛行一种民间饮食风俗——喝早茶。广州人喝早茶,又称为"叹茶",有享受之意,还习惯说"叹一盅两件"。"盅"是指"盖碗",即用盖碗泡茶,"一盅"就是一盖碗茶;"两件"则是"两笼"或者"两份"的意思,泛指早茶里的点心。以早茶代替早饭,泡上一壶茶,点上茶点,几人围坐聊聊近况,构成了广东人独特的闲暇生活方式。

广东早茶

"得闲饮茶",简单一词道出了早茶在广东人心中的情感"延续"。茶,上承古人的智慧与文化,下启现代人生活的习惯。演变至今,广州早茶已成为维系街坊邻里关系的纽带,是世俗生活中的烟火气。

申时茶

现代人与茶依旧密不可分。快节奏的现代生活，高强度的压力，负面情绪的产生，让现代人开启了一种健康有益的茶生活方式——申时茶。

申时茶，也称七杯茶，是指在下午3点至5点，通过饮茶，平衡情绪，达到身心愉悦的一种饮茶方式。申时茶的饮茶形式是根据唐代卢仝《七碗茶歌》所编创。它使人用全新的科学饮茶方式，感受"一碗喉吻润，二碗破孤闷。三碗搜枯肠，四碗发轻汗，五碗肌骨清，六碗通仙灵。七碗吃不得也，唯觉两腋习习清风生"带来的精神抚慰与身心愉悦。

茶蕴含大智慧

中国茶文化融合了中国优秀传统文化中的精华思想，将日常饮茶提升为富有文化气息的品饮艺术，从单纯的物质享受上升至修身养性的精神境界。

小小一杯茶中蕴含了丰富的文化元素，儒家的"精于行而俭于德"、道家的"天人合一"、佛家的"禅茶一味"等文化思想都注入中国茶文化当中。比如，习茶过程中的礼仪规范都尽显儒家"礼"的思想。在茶器、茶席、茶室的装饰布置中，则体现了道家审美对茶文化的影响。所以喝茶不光是要泡好一杯茶，了解茶叶的特性，更多要从文化与思想的层面来体会，才能懂喝茶。

茶改变生活

鲁迅先生说:"有好茶喝,会喝好茶,是一种清福。"学会享受茶带来的幸福感,是鲁迅先生笔下的惬意生活。茶在物质世界和精神世界之间架起一道桥梁,多姿多彩的茶生活已经成为中国文化中一道靓丽的风景。

茶文化有十分重要的现实意义。以"德""礼"为核心的茶文化,重视人的群体价值,倡导无私奉献;注重协调人与人之间的关系,提倡对人尊敬;重视修身养德,有利于人的心态平衡,满足人们的精神需求。

近年来,中国的茶文化得到蓬勃发展。茶与健康、茶与旅行、茶与时尚的结合,让茶成为人们消费生活的重要内容。茶行业的发展,促进了传统文化的传承与发扬,同时向世界宣传、展示了中国茶文化的魅力和价值。

草地茶会

品茶

敲黑板

① 广州早茶、申时茶都是现代人茶生活的体现。

② 中国茶文化蕴含的儒释道三家思想,引导人们通过一杯茶来观察自己的内心,学会在都市喧嚣中放慢脚步,驻足品茗,获得放松。

知识拓展

吃茶去

据《景德传灯录》卷十记载，赵州从谂禅师在河北赵县的观音院开坛布道，许多禅僧慕名而来。这两天，赵州从谂禅师先后遇见了两位禅师，都对他们说了同一句话："你来过这儿没有？"无论过往禅师回复"来过"还是"没来过"，赵州从谂禅师都对他们说："吃茶去！"院主便以为此话有深意，又不得其解，于是向赵州从谂禅师请教。赵州禅师一听，立即当头一喝："院主！"深陷在疑惑中的院主立即应声，从"执着"的迷梦中回到现实。

这一段"吃茶去"的禅林公案，之所以流传千年，被后世许多人称赞，正是因为赵州禅师的"吃茶去"并无深意，只是院主的妄念和妄想让这句话变得复杂。正如许多人会想禅机是什么高深之物一样，"吃茶去"的故事就是让我们学会专注，不受外物影响，真正做到回归平常心。

课后作业

同学们在了解茶文化中的优秀传统文化后，注意总结在习茶过程中，哪些行为举止体现了传统文化的思想内涵，分享你的感悟。

茶是生活良伴，亦是一种文化表达。怀古溯源，一杯茶传承着中国的历史和文化；时至今日，茶文化已融合进现代生活的方方面面。

识茶篇

1. 认识茶树叶

制茶如育人，茶叶的制作工艺，犹如一个人的一生要经历教育、挫折与成长，一片嫩叶的诞生也要受到树种、生长环境、采摘季节等因素影响。

揭开茶叶的身世之谜

当今世界约有六十多个国家产茶，其中印度的产茶量最多。但茶树的原产地位于中国西南部的云贵川一带，其后向东部和南部传播开来，遍及全国。不同土壤、气候和环境所孕育的茶叶品种，产生的香气、口感以及茶的内含物质均有差别。

1823年，英国少校勃鲁士（R·Bruce）在印度阿萨姆省沙地耶（Sadiya）发现了几株野生古茶树，此后有些国外学者认为只有印度有野生古茶树，而没有人提出中国有野生古茶树，故而认为印度是茶的起源地。其实中国的野生古茶树自古有之，《尔雅》《茶经》中早有记载。现代的普查资料表明，全中国10个省区都发现了野生古茶树，且古茶树的树龄年代久远；1980年，又发现了距今100万年的茶籽化石。所以，中国为世界茶树起源中心的说法已被世界认可。

古茶树

茶叶家族的谱系

茶的植物界档案

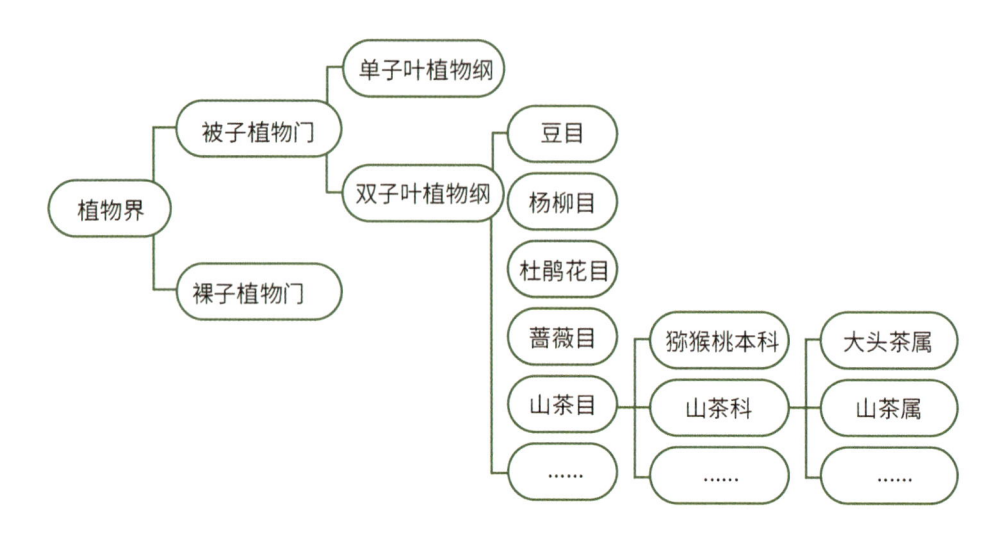

```
植物界 ─┬─ 被子植物门 ─┬─ 单子叶植物纲
        │              └─ 双子叶植物纲 ─┬─ 豆目
        │                               ├─ 杨柳目
        │                               ├─ 杜鹃花目
        │                               ├─ 蔷薇目
        │                               ├─ 山茶目 ─┬─ 猕猴桃本科 ─ 大头茶属
        │                               │          ├─ 山茶科 ── 山茶属
        │                               │          └─ ……        └─ ……
        │                               └─ ……
        └─ 裸子植物门
```

茶树属于双子叶植物纲、山茶目、山茶科、山茶属,多年生木本常绿植物,开浅白色花,茶籽可以榨油,喜日光直射、潮湿温暖的环境,适合生长在南北纬30°之间。

| 茶花 | 茶籽 | 鲜茶叶 |

茶树上生长的茶树叶不能直接饮用,需经过专业复杂的工艺,制作成为人们日常生活中品饮的"茶叶"。

茶树的叶片为单叶互生,叶子形状为椭圆形、近圆形或长椭圆形,由叶柄和叶片组成;叶片有明显的主脉,叶缘有锯齿、叶背部有白毫,含丰富有机化合物。

茶叶的特点:根据每种茶叶的形态特征,一般把茶叶分为12个种类。最普遍、最常见的茶叶是长条形状。

特征一：边缘。茶叶的边缘有明显锯齿，锯齿数一般为 16~32 对，呈对称状。

特征二：叶脉。茶叶为网状脉，有明显的主脉，主脉上又分出侧脉，侧脉多为 7~10 对，叶背叶脉凸起，侧脉延伸至离边缘三分之一处向上弯曲，与上方侧脉相连，构成封闭形网状系统。

特征三：叶片背面。新生的嫩叶是制作茶叶的原料，芽及嫩叶的背面有绒毛。

| 茶树叶 | 山毛榉叶 | 梧桐叶 |

善变的茶叶

据不完全统计分析，我国的茶叶有上千种，市面上常见的茶约有一百多种。很多人都觉得茶叶种类很复杂，但只要找到分类规律，便没有那么难了解了。1979 年，安徽农业大学陈椽教授首次提出将中国繁多的茶叶品种按茶叶制法和品质系统性、茶叶茶多酚的氧化程度分为六大茶类。除此以外，茶叶还可按采摘季节、叶片大小、外形、地域等分类标准来区分。

① 按茶树大小分为：灌木型、半乔木型、乔木型。

陆羽在《茶经》里的"茶之源"中写道："茶者，南方之嘉木也。一尺、二尺乃至数十尺。……其树如瓜芦，叶如栀子，花如白蔷薇，实如栟榈，茎如丁香，根如胡桃。"由此可见，茶树的高度差异较大，有的齐腰高，有的如同成人身高。为了便于区分，可以将茶树按树干大小分为灌木型、半乔木型、乔木型。

灌木型：高1~3米，产量高，枝叶繁茂，便于采摘和管理。

半乔木型：高3~8米，分枝稀少，根部到树冠明显，呈伞状。

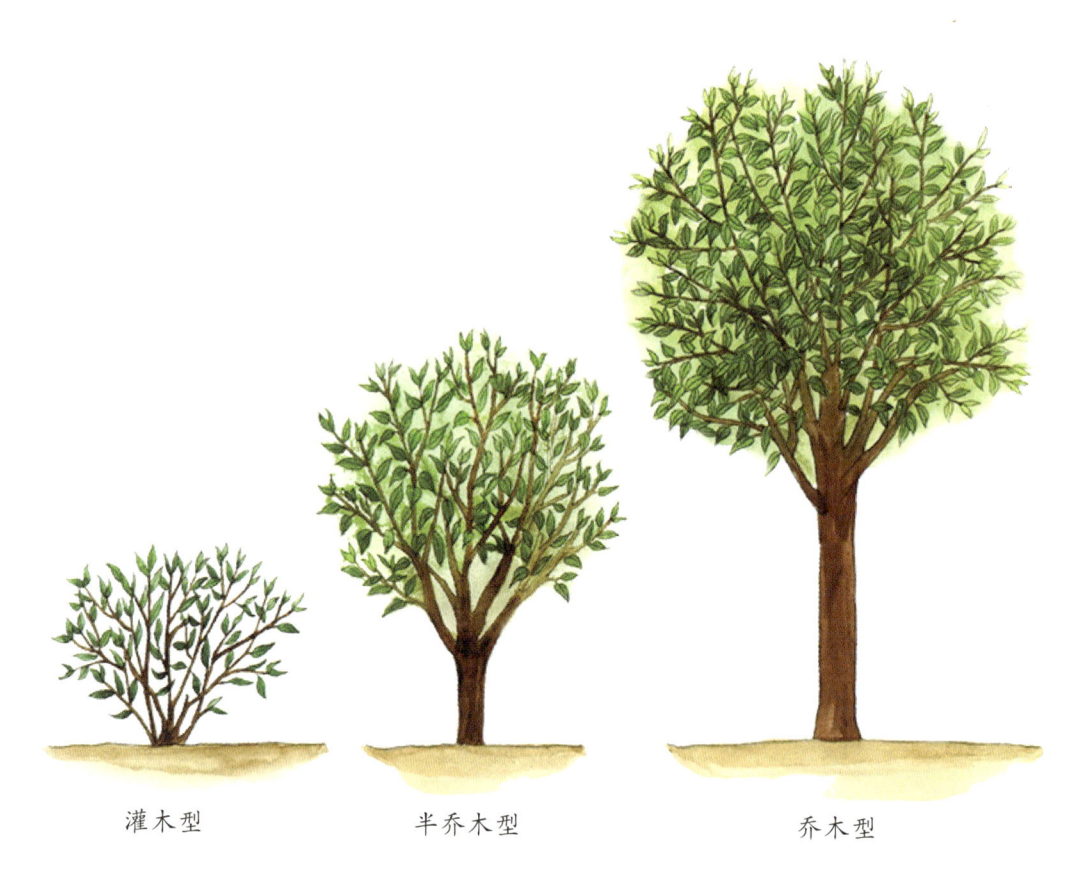

灌木型　　　　　半乔木型　　　　　乔木型

乔木型：高10米以上，集中在云贵川地区，分支稀少，枝干明显。

② 按照成熟叶片的大小分为：特大叶种、大叶种、中叶种、小叶种。

③ 按照茶叶的采摘季节分为：春茶、夏茶、秋茶、冬茶。

春茶：采茶时间在每年春天，惊蛰、春分、清明、谷雨四个节气之间收采的茶。

夏茶：采茶时间在每年夏天，立夏、小满、芒种、夏至、小暑、大暑六个节气之间采收的茶。

秋茶：采茶时间在每年秋天，立秋、处暑、白露、秋分四个节气之间采收的茶。

冬茶：采茶时间在每年冬天，寒露、霜降、立冬、小雪四个节气之间采收的茶。

④ 按照茶叶鲜叶采摘的等级分为以下几种。

特大叶种 　　　　　　　　大叶种

中叶种 　　　　　　　　小叶种

嫩度等级一：单芽（一芽一叶初展）。

嫩度等级二：一芽一叶（一芽二叶初展）。

嫩度等级三：二叶一芽（三叶一芽初展）。

嫩度等级四：三叶一芽及更低嫩度。

嫩度等级五：跨等级混合。

⑤ 按照成品茶叶的形态分为长条形茶、卷曲形茶、扁形茶、针形茶、螺形茶、片形茶、尖形茶、颗粒形茶、花朵形茶、团块形茶等。

⑥ 按照加工工艺和氧化程度不同分为基本茶类和再加工茶类。

基本茶类有以下几种，如下表所示。

绿茶	蒸青	恩施玉露
	烘青	六安瓜片
	炒青	龙井
	晒青	滇绿
白茶	芽茶	白毫银针
	芽叶茶	白牡丹
	叶茶	贡眉、寿眉
黄茶	黄芽茶	君山银针
	黄小茶	平阳黄汤
	黄大茶	霍山黄大茶
青茶	闽北	武夷岩茶
	闽南	安溪铁观音
	广东	凤凰单丛
	台湾	冻顶乌龙
红茶	小种	正山小种
	工夫	闽红、祁红
	红碎茶	立顿
黑茶	湖南	安化黑茶
	湖北	老青砖
	四川	康砖
	广西	六堡
	云南	云南黑茶

再加工茶类有以下几种：

花茶——窨制花茶、花草茶、工艺花茶等。

萃取茶——茶膏等。

紧压茶——七子饼、茯砖、沱茶等。

茶饮料——调饮茶、抹茶等。

茶叶的善变除了受到原料、生长条件、环境和工艺的影响，同时冲泡茶叶的过程变化也影响茶汤的不同口感。

影响茶汤的要素有以下几种：

水质：水 pH 值的大小。

投茶比例：投茶量的多少。

水温：水温是否适合。

水流：水流是否激发出茶叶最好的汤感和香气。

出汤时间：闷泡时间的长短。

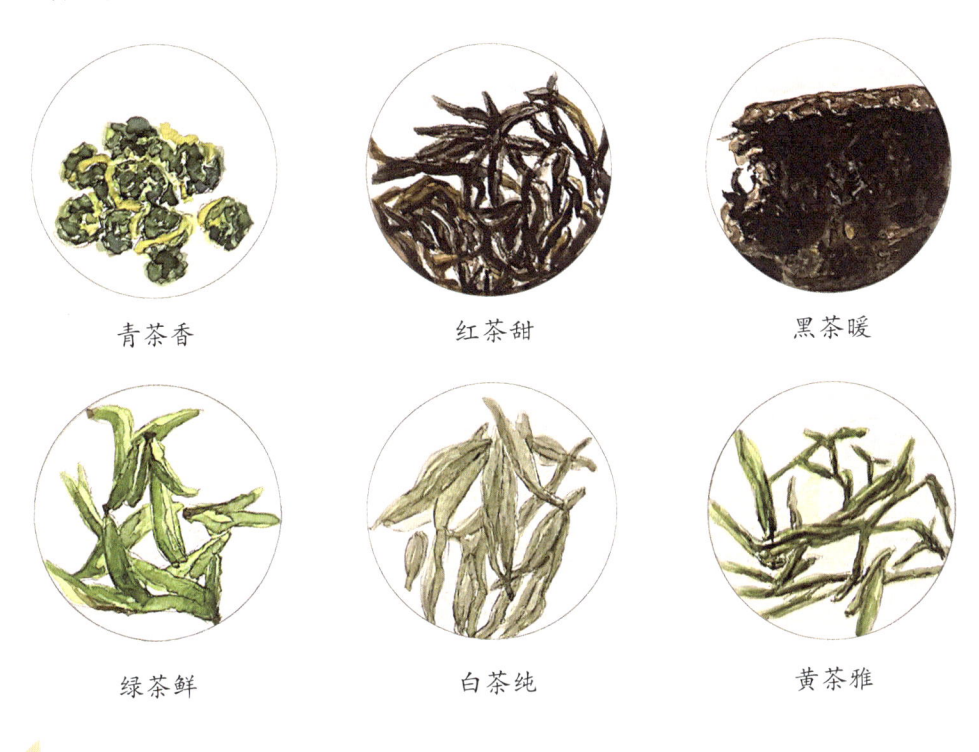

青茶香	红茶甜	黑茶暖
绿茶鲜	白茶纯	黄茶雅

敲黑板

① 茶为世界三大饮料（茶、咖啡、可可）之首。

② 茶树的原产地：中国西南部的云贵川一带。

③ 六大茶类：绿茶、白茶、黄茶、青茶、红茶、黑茶。

④ 影响茶汤五要素：投茶比例、水质、水温、水流、出汤时间。

知识拓展

记茶名小技巧

茶叶的分类方式有很多，为了更容易记住茶叶的分类，分享给大家一个小窍门。

产地＋制作工艺命名	产地＋树种命名
如日照绿茶、英德红茶、滇红、安化黑茶	如漳平水仙、凤凰单丛、安溪铁观音
产地＋茶叶形状命名	结合产地景区命名
如六安瓜片、君山银针、浙江眉茶	如西湖龙井、雨花茶、苍山雪绿、普陀佛茶

易混淆的茶叶

安吉白茶：为什么安吉白茶属于绿茶，而不是白茶呢？安吉白茶名称中"白茶"两字是因为所采用的茶树品种叶片泛白，但其制作工艺为摊放、杀青、理条、烘干等过程，此制作工艺属于绿茶。

大红袍：大红袍属于青茶（乌龙茶），其制作工艺为采摘、萎凋、摊晾、摇青、做青、杀青、揉捻、烘干等。

铁观音：铁观音为青茶（乌龙茶），其制作工艺为采青、晒青、晾青、摇青、炒青、包揉、初培、复培、复包揉、文火慢烤、拣簸等。

| 安吉白茶 |  大红袍 |  铁观音 |

课后作业

茶是大自然馈赠的礼物，一片鲜叶在制茶师傅手中历经"八十一难"，最终形成一片会"七十二变"的茶叶，让我们品尝到大自然不同的味道。同学们在本课中已经学到了茶叶的工艺分类方法，大家找一找家里有哪一类茶吧。

2. 健康茶的诞生

茶，这片神奇的东方树叶，自被发现至今已历千年。它伴随着中华文明一路走来，到今天已经风靡全世界。茶已经成为一种生活方式、一种社交理念、一种文化象征。

不管是神农氏尝百草中毒得茶而解之，还是传说的太姥娘娘得白毫银针煮水治愈荨麻疹，这片树叶的最神奇之处就在于它可以为人们带来健康。就如云南深山的茶农说，老一辈人下地干活，忘了带干粮没事，忘了带茶，则一定要回家去取。边疆牧民则流传着关于茶的谚语："一日无茶则滞，三日无茶则病。"都说"一方水土养一方人"，茶也是一样。当你喝茶时，入口的茶汤，反映了茶树所生长的环境、土壤、光照、雨水滋养的状况。

好山好水出好茶

判断是否为好茶，首先要看茶叶生长的气候、纬度、海拔、土壤等环境，这些都是健康茶生产的重要环节。

气候主要有降雨量、光照和气温三个方面。气候对茶叶品质的影响非常大，过涝或过旱都不利于茶树的生长。茶树喜欢温暖湿热的环境，亚热带气候最为适宜，年降水量在1500毫米左右，朝晚有雾、相对湿度保持在85%左右，比较有利于茶树的生长。茶树内的物质90%都是靠光合作用合成的，充分的光照有利于茶叶内营养物质的积累。

茶树在南纬45°与北纬38°之间都可以种植，较为适宜茶树生长的温度在18℃—25℃。

海拔高度决定着气温，一般随着海拔升高，气温不断下降，昼夜温差相应增大。随着海拔的增高，云雾、降雨量增多，使漫射光增加，有利于氨基酸、维生素的形成，其中氨基酸含量增加，体现在茶味道中则更为鲜爽。同时，高海拔地区昼夜温差大，茶叶内积累了丰富的营养物质，高山茶有着香气馥郁、滋味鲜爽的特点，这也是高山云雾出好茶的气候原因。

土壤质地的好坏、酸碱度以及含养分多少和土层的厚薄，都对茶树的生长有很大的影响，可以说土壤是茶密不可分的伙伴。不同的土壤适宜种植不同的茶树品种。

陆羽《茶经》中写道："上者生烂石，中者生砾壤，下者生黄土。""烂石"指山石经过长期风化形成的山间土壤，这种土壤排水性强，最适宜茶树生长。因为茶树喜水分滋养，但水分排不出去会导致烂根。这类土壤含有的大量矿物质，是茶叶生长的优质养分，所以也是适宜茶树生长的重要条件。砾壤指的是含砂砾多、黏性小的土壤，黄土则是质地黏重、结构差的土壤。

土壤条件	茶叶喜酸性，所以茶树生长的土壤多为酸性土壤。茶树不喜欢钙质，所以茶树生长的土质中不能含有石灰质，土壤中的石灰质超过一定量，会导致茶树逐渐死亡。
气候条件	茶树比较适应亚热带气候，最适宜的温度在18℃—25℃，茶树在-13℃左右就会死亡。
水分条件	水分是茶树进行光合作用必不可少的条件，茶树生长最适宜的年降水量在1500毫米左右。
光照条件	茶树喜欢比较荫蔽、多漫射光的条件。漫射光含紫外线，有利于茶树的光合作用，能促进茶叶质量的提高。

品种决定健康茶

茶叶的树种和树龄直接影响茶叶的滋味、色泽和形状。乔木型茶多酚丰富，而灌木型氨基酸含量丰富。品种不同，鲜叶中的芳香物质也不同，人们通常会根据品种的特点，选择最适合制成的茶类，这就叫作茶叶的"适制性"。

六大茶类代表品种

茶类	品种名称	产地	特点
绿茶	龙井43号	浙江	发芽早、整齐密度大，育芽能力强。
白茶	福鼎大白茶	福鼎太姥山	芽头持嫩性和芽头生长力强，内含物质丰富，抗旱性较强，抗寒性强。扦插繁殖力强，成活率很高。
黄茶	中黄3号	浙江西	氨基酸含量高，长势旺盛，抗逆性好，是一个早熟丰产、高蛋白的品种。
青茶	肉桂	福建武夷山	早发迟采的品种，育芽能力强，持嫩性强。肉桂品种以奇香著名，香气辛锐持久，干闻桂皮香显，是不可多得的奇异高香品种。
红茶	祁门种	安徽省祁门县	产量高，茶多酚含量丰富，香气似花香或果香，俗称祁门香。制成成品茶香高味浓，耐寒性强。
黑茶	安化大叶种	湖南省安化县	茶多酚和氨基酸的含量非常高，香气纯正，滋味浓厚。

工艺成就健康茶

中国是茶的故乡，也是制茶文化、品茶文化的发源地。茶叶发展到今天，已经成为人们生活的必需品，除了好山好水出好茶，制茶工艺对于茶品质也尤为重要。不同的加工工艺会影响茶叶内含物质的多少，从而影响这款茶的保健功效。

绿茶的加工工艺为杀青、揉捻、干燥，该制茶工艺最大程度上保留了茶叶成分中的茶多酚。

白茶的制作工艺十分简单自然。制茶步骤一般为萎凋、烘干等，当萎凋到八成左右的时候再选用文火烘干茶叶。因为白茶制作步骤简单，所以营养物质损失非常少。

黄茶是绿茶工艺的一个衍生品。制茶步骤第一步是杀青，第二步是闷黄。黄茶是沤茶，在沤的过程中，产生大量的消化酶，消化酶能刺激脾胃功能，对于治疗食欲不振、消化不良等症状有很好的功效。

青茶的制作工艺中，最关键的步骤是做青，做青是晒青、摇青和凉青三个步骤的合称。青茶里面的茶多酚和儿茶素可以增强身体的新陈代谢，具有分解脂肪的作用。

红茶的制作工艺为杀青、揉捻、发酵、干燥，较绿茶的工艺多了"发酵"这一步。经过发酵工艺而制成的茶，色泽较深，口感更为香浓，在保健方面的体现则是对肠胃刺激性较小，且不易影响睡眠。

黑茶的制作工艺分为杀青、揉捻、渥堆以及干燥等。黑茶的渥堆发酵有助于提高茶多糖的含量，进而达到降三高的保健功效。

花茶的窨制工艺则将花香入茶，香气通透，理气开郁。以香气沁人心脾，达到舒缓心情、有益身心的保健功效。

除了这些以外，茶还能明目。茶能明目是由于茶叶中含有大量的维生素，其中的维生素C、维生素B2、维生素E，对明目都具有一定的作用。

茶能消炎。茶叶里含有茶氨酸，据科学研究，茶氨酸对大肠杆菌、葡萄球菌、肺炎菌的生长发育繁殖有抑制作用。

茶能解腻。茶里面的茶多酚和儿茶素可以增强身体的新陈代谢，具有分解脂肪的作用。

茶能止痒。茶叶或茶叶水有止痒作用，特别是绿茶中的儿茶素类化合物含量较高，可消炎抑菌。夏日外出，可先在手臂或脚部涂抹一层茶叶水，茶水中的儿茶素可发挥防止蚊虫叮咬的功效。如果被蚊虫叮咬，把干茶叶嚼烂敷在叮咬处可消肿、止痛、止痒。

茶能祛寒。寒冷的冬季，最适合泡上一杯醇厚的黑茶来帮助我们去除体内的寒气，抵御寒冷。

总之，一款茶加工工艺适宜得当，才能最大程度地发挥茶叶的优势，给人们带来健康。

敲黑板

评判一款茶叶的五要素：

① 溯源地：产地代表了茶树生长时的纬度、气候、海拔、土壤、温度等环境。

② 溯树种：茶树的品种、类型，决定茶叶的适制性。

③ 溯树龄：茶树树龄对茶叶内含物质及口感皆有重要影响。

④ 溯工艺：工艺是否合格或精湛。

⑤ 溯季节：采摘的季节是否适宜。

知识拓展

为什么大红袍名气这么大

①大红袍的品种。

大红袍母树虽然只有六棵，但是在20世纪80年代初，母树大红袍无性繁殖获得成功，并且大面积推广。大红袍以果香和奶油香为主，附带水蜜桃的香气，醇厚回甘，七泡、八泡有余香，九泡、十泡余味存。大红袍有红茶的甘醇，也有绿茶的清香。

②大红袍的产地。

武夷山四季温和湿润，适宜茶叶生长，最大的特征就是"碧水丹山"，典型的丹霞地貌。茶树的周围都是悬崖峭壁，或者杂树野草，形成"漫射光"。茶农利用岩凹、石隙、石缝，沿边砌筑石岸种茶，形成了"岩岩有茶，非岩不茶"的特色，在这种环境下生长出来的茶树具有独特的岩韵。

③大红袍的土壤。

大红袍产区为红色砂砾岩，土壤含砂砾量较多，土层较厚、土壤疏松、土壤通气性好，有利于排水，且岩谷陡崖，形成独特的正岩茶的"茶土"。

课后作业

今天我们学习了什么样的茶是健康的茶，回家找到一款茶，研究一下它的产地背景吧。

3. 茶中有益成分

自然环境和加工工艺成就一款健康的好茶。上篇我们学习了什么样的茶是健康的好茶，本篇我们将探究这片神奇的树叶内部，看看究竟是什么样的成分和物质，让茶叶具有如此神奇的保健功效。

根据科学研究分析鉴定，茶叶内含约 500 种物质，其中不仅包含了人体必需的营养成分和保健成分，还有影响茶叶色泽、香气、滋味的芳香物质。

茶叶香气密码

喝茶时，闻茶香也是一个享受的过程。茶叶的香气特别丰富，有三百多种，不同产地、不同品种的茶具有不同的香气。我们把造成茶叶香气的因素归为以下几点。

1. 品种

品种香是其中最独特的，也是辨别茶叶品种的特征。比如说铁观音的兰花香，肉桂的桂皮香、辛辣感。

2. 产地

不同的产地也会造成香气的不同，也叫作地域香。俗话说，"高山云雾出好茶"，海拔高、天气寒冷、云雾多使生长期延长，茶叶内含物质丰富，所以海拔高的地方产的茶叶香气要比海拔低的地方产的茶叶香气浓。

3. 季节

不同季节的温度、降水量、日照时间不同，使得茶叶的香气受季节的影响。春茶普遍以含有清香的芳香物质为主，秋茶则以花香成分为主。

4. 工艺

工艺香就是在加工过程中产生的香气，也是决定茶叶香气的关键。像绿茶制作工艺简单，工艺香就少，以茶叶本身的清香为主。黑茶发酵程度高，香气就以陈香及熟香为主。

茶叶滋味密码

水能影响到茶的颜色，对茶的滋味也有很大的影响。茶叶中的水溶性物质占30%—48%，当茶和水相遇时，茶汤中的甜味物质、苦味物质、酸味物质、咸味物质都跑到水中，让我们感受到茶的滋味。

苦的茶：生物碱　　　鲜的茶：茶多酚　　　甜的茶：茶红素

茶叶中主要化学成分包括果胶物质、茶多酚类、氨基酸类、糖类、生物碱类、有机酸、灰分等，它们构成了茶叶的品质和滋味。

茶叶中的咖啡碱、花青素、茶皂素等为苦味物质；糖类、果胶和部分氨基酸等为甜味物质；多种有机酸和维生素C等为酸味物质；各种无机盐类主要为咸味物质；

而茶多酚的氧化物、茶黄素、茶红素等元素会带来鲜爽的感觉。

好的绿茶滋味鲜醇爽口，是因为采摘的细嫩芽头中含有大量的氨基酸，同时也有一部分茶多酚，氨基酸的鲜甜加上茶多酚的醇厚，使得优质的绿茶鲜醇爽口。

茶叶内含物质作用			
名称	味道	主要内含物质	作用
茶多酚	苦味、涩味	儿茶素	成色剂
生物碱	苦味	咖啡碱	提神醒脑
氨基酸	鲜爽	茶氨酸	延缓衰老
糖类	甜味、干滑	多糖	降血糖

茶叶成分密码

茶之所以能风靡全球，其中最主要的原因就是茶对于人身体的保健功效。尤其是中国的边疆地区，有"宁可三日无食，不可一日无茶""一日无茶则滞，三日无茶则病"等说法。这些保健功效都归功于茶叶当中对人体有益的内含物质。

1. 茶多酚

茶多酚也称茶单宁，是茶叶中的主要化合物，占茶叶干物质的18%—36%。茶多酚，也是形成茶叶色香味的主要成分之一。茶叶的基础六大茶类的分类，就是按茶多酚的氧化程度来区分的，发酵程度越深，茶多酚含量就越小。除了种类，茶叶的品质也会影响茶多酚的含量，因为茶叶的嫩芽长在茶树的顶端，最接近阳光，能够充分进行光合作用，合成较多的多酚性物质。茶多酚具有很强的抗氧化性，能清除人体中的自由基，达到延缓衰老的效果。

茶多酚的作用有以下几方面：延缓衰老、防辐射、助消化；降血脂、降血压、降血糖；防龋固齿，清除口臭。

2. 维生素

茶叶当中含有多种维生素，其中维生素C的含量最多。尤其是绿茶，绿茶当中的维生素C含量要超过大多数蔬菜。

3. 氨基酸

氨基酸的含量占茶叶干物质的1%—4%，因为氨基酸非常容易在水中溶解，具有鲜爽的味道，而氨基酸在嫩芽与嫩茎中占的比例最大，因此很多明前茶、嫩芽茶喝起来口感都非常鲜爽。

氨基酸的作用：提高机体的免疫力；维持正常的新陈代谢，但影响蛋白质的消化吸收。

4. 生物碱

茶叶中主要含有咖啡碱、可可碱和茶叶碱三种生物碱，其中咖啡碱的含量最高，约占2%—5%。咖啡碱易溶于水，是形成茶叶滋味的重要物质。

茶叶和咖啡都含有咖啡碱，所以咖啡和部分茶喝了之后容易睡不着觉。但茶叶中不仅有咖啡碱，还有茶碱，咖啡碱会帮助人体获得精神兴奋，而茶碱是帮助人体缓解兴奋，两者并存，因此，并不是所有的茶叶喝了都会睡不着觉。

生物碱还有助消化、利尿、促进血液循环等作用。

俗话说，"喝茶一分钟，解渴；喝茶一小时，休闲；喝茶一个月，健康；喝茶一辈子，长寿"。今后的生活中，让我们根据所学，为自己和家人甄选能够带来健康的茶，传播茶的健康理念，让中国茶为全世界人们的健康做出贡献。

敲黑板

茶叶香气的因素：品种、产地、季节、工艺。

茶叶中含有的重要代表物质有以下几种。

① 茶多酚："抗氧化高手"。

② 氨基酸：滋味鲜爽。

③ 生物碱：味苦，有兴奋神经的作用。

④ 糖类物质：味甜，是茶汤滋味和工艺香气的来源之一。

⑤ 茶皂苷：是茶汤表面的"泡沫"，有益于身体健康。

⑥ 芳香物质：含700多种（鲜叶中有100多种，经过加工制作后所产生的芳香物质可达到700多种）。

⑦ 色素：天然色素、加工中形成的色素。

知识拓展

茶叶在生活中的应用

绿茶牙膏：口味清新，杀菌消炎。

白茶面膜：富含茶多酚，抗氧化，延缓衰老。

白茶香水：香气清新淡雅。

乌龙香水：香气馥郁高扬。

茶枕：帮助人体内的新陈代谢。

茶啤酒：热量低，营养成分高，还不会伤胃、引起头疼。

课后作业

喝一泡家里的茶，根据它的香气及味道判断一下这款茶都有什么内含物质，写出主要的三种。

4. 泡茶是一门艺术

泡茶，既是生活中简单的动作行为，也是一门艺术——茶艺。中国传统茶艺萌芽于唐，发扬于宋，改革于明，极盛于清，有相当长的历史，具有系统的完整性。茶文化日新月异的发展、茶产业的久盛不衰，都和茶艺有密切的关系。茶艺，不但丰富和优化了人们的生活品质，也影响着人们的言行举止。当今社会的社交情境中，掌握茶艺，会为个人形象增色不少。

茶艺是一门综合素养

唐代陆羽所著的《茶经》首次总结了自汉至唐的茶事经验，把烹茶、饮茶的过程注入一种文化的意韵，并赋予其精神和美学的内容，系统总结了茶艺的丰富内涵。

目前，中国茶艺已发展到了一个崭新的阶段。茶艺的指导思想和艺术程式也发生了深刻的变化，更具有艺术性和观赏性；涵盖的内容也更加广泛，包括茶的欣赏，品饮的过程、环境，甚至还包括茶人的思想活动和心理感受等；其涉及各方面的知识，如历史、文学、美学、哲学等。所以，中国茶艺

十分注意茶人的内心体验，注重通过品茗对人的精神领域的探索。

茶艺是一门集合茶叶的文化知识、冲泡技艺和礼仪认知，以及结合花道、香道以达到人们物质和精神满足的综合性艺术。

随着茶艺的发展，中国茶文化融入了中华优秀传统文化思想，形成了独具特色的饮茶艺术。人们通过饮茶，放松心情、愉悦身心、提高修养、丰富精神世界。其过程体现了人与人、人与茶及人与自然的和谐关系，塑造了积极向上、追求真善美的人生价值观。

仪态优雅的茶艺师

茶艺六要素

茶服务于人，又通过人来展现茶的美好，这其中离不开六要素——人、茶、水、器、境、艺。

人——仪表美、仪态美、语言美、心灵美

仪表美，茶艺审美从一开始，人们的目光就特别注意演示者的仪表，仪表美包含头饰、发饰、妆容、首饰、服装、鞋子六个方面之美。

仪态美，茶艺表演者的仪态美主要表现在礼仪周全，举止姿态有五姿，即走、行、坐、跪、蹲。

语言美，茶艺中的语言包含了语言规范和语言艺术两个层次。语速要慢，要轻缓，音调不能过高，说话对人要尊重。

心灵美，是人的思想、情操、意志、道德和行为的综合体现，是人的深层之美。这种"深层"美与上述仪表美、仪态美、语言美等"表层"的美相和谐，才可造就茶人完整的美。

茶——喝茶品茶，要特别讲究茶叶的品质，一杯好茶其内含物质丰富，对人体也是极为有益。要泡好茶，一定要先学会辨别茶叶品质的方法。

辨品质的方法有以下三种。一是称茶叶的重量，通常分量较重、嫩度好的茶叶品质较好。二是看茶叶外形是否均匀，包括色泽、大小。通常品质较差的茶叶色泽、大小不均匀。三是看干燥程度，它关系着茶叶是否受潮变质和储藏问题。当你用手一捏，茶叶变成粉末状，表示茶叶没有受潮，能长时间储存；若茶叶成片状或条索绵软，表示茶已经受潮，容易变质。

水——水为茶之母

陆羽在《茶经》中曾讲道："山水上，江水中，井水下。"自古以来，善于饮茶的人，都把名茶与好水摆在同等重要的位置，如能取泉水、溪水等流动的天然"软水"来泡茶最为理想。明人许次纾在《茶疏》中说："精茗蕴香，借水而发，无水不可与论茶也。"清人张大复在《梅花草堂笔谈·试茶》中讲得更为透彻："茶性必发于水，八分之茶，遇十分之水，茶亦十分矣；八分之水，试十分之茶，茶只八分耳。"而张源在《茶录》中则称："茶者，水之神；水者，茶之体。非真水莫显其神，非精茶曷窥其体。"可见水质直接影响了泡茶的品质。适合泡茶的水是天然弱碱性饮用泉水，pH 值为 7.25 为宜，而茶叶本身也是弱碱性，所以这种水对茶多酚的破坏小。

当 pH 值 =6.5—7 时，水为中性，茶汤更加浓郁香醇，适合泡普洱新茶；当 pH 值 ≥ 8 时，水为弱碱性，茶汤口感差，容易使茶汤颜色变深；当 pH 值 ≤ 6 时，水为弱酸性，茶汤颜色浅，适合泡饮鲜活的绿茶。

我们平时泡茶要根据茶的特性选择合适的水，纯净水和矿泉水是软水，都是上好的泡茶用水，颇受青睐。用纯净水泡出的茶，茶汤清澈、香气纯正、鲜醇爽口，适宜泡绿茶和乌龙茶。矿泉水趋近于天然水，含矿物质较多，适宜冲泡普洱、红茶等。

　　如今，矿泉水是大部分茶叶冲泡的必用水。为了追求更好的口感，人们也会根据茶叶的特性，选择不同水质的水。一般来说，茶叶原生地的水用来泡茶，更具特色。

器——茶器也常被称为"茶之父"

汉代著名文学家王褒《僮约》中有"荼,烹茶尽具",此文献也成了茶文化传承的一个重要的记载。文中的"荼",意为去四川彭山地区买茶。"烹茶尽具",是指烹煮茶并将用过的茶具清洗干净,其中"尽"通"净"。该记载充分说明,在西汉时期已经出现了茶叶买卖,且茶叶是文人士大夫的生活用品,这是中国最早关于买卖茶叶的记载。当时的文人士大夫家庭中已不再一器多用,而是置备了饮茶专用的器具。

茶器材质非常讲究,可大概分为紫砂、瓷器、玻璃三类。紫砂壶能把茶香和茶味贮留下来。当紫砂壶遇热时,气孔便会微开,把壶身内贮藏的茶香释放出来,使茶的滋味更为醇厚。

瓷器茶具更容易清洗,没有异味,保温适中,既不烫手,也不炸裂,是茶具中使用面最广的一类。

玻璃茶具物美价廉,深受广大消费者欢迎。美中不足的是,玻璃器具传热快、易烫手;质地脆、易破裂。

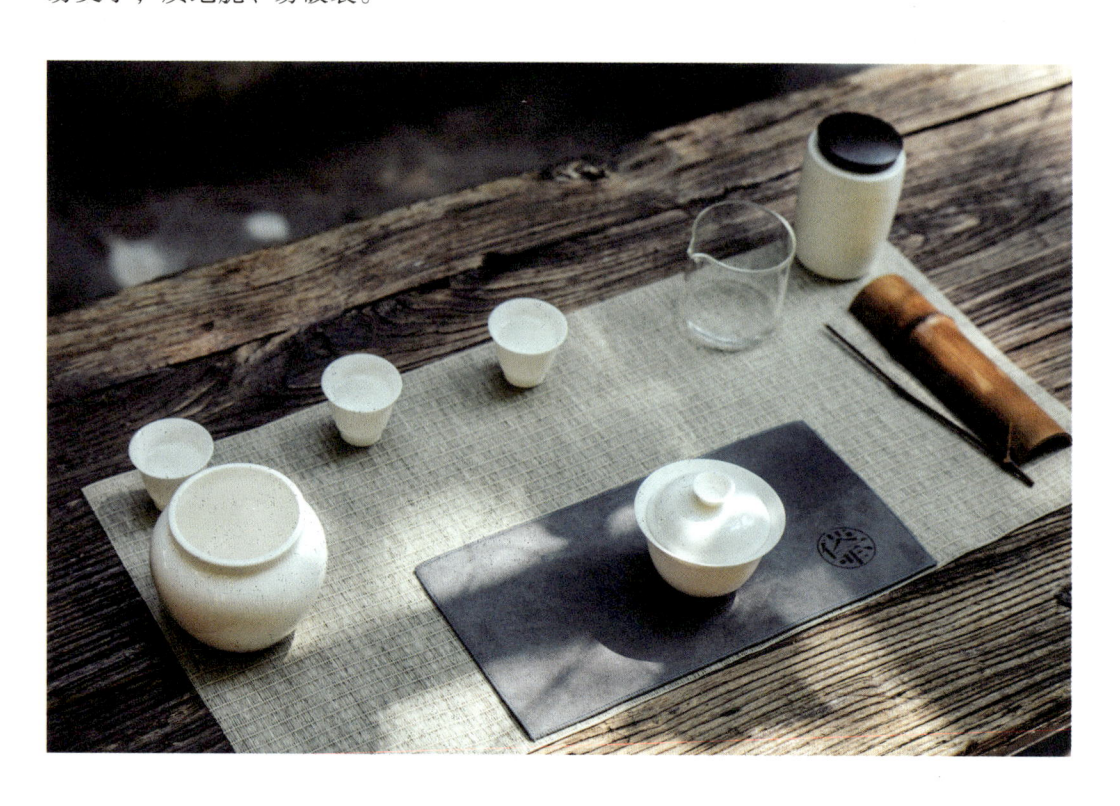

如何简单排列出一个茶席

① 平铺席面。

② 打开茶巾，平铺于身前席面的底端中心位置。

③ 将盖碗放置于茶巾中心偏下的位置，位于席面纵向的二八分之处。

④ 盖碗右上端放置公道杯。

⑤ 盖碗朝向公道杯的延伸线上放置茶叶罐。

⑥ 水洗的位置与公道杯平行，与公道杯、盖碗构成一个等腰三角形。

⑦ 三个品茗杯间隔相等，两端的品茗杯需要与盖碗、水洗中心对齐。

⑧ 在茶叶罐的下方，放置赏茶荷与茶拨。

⑨ 茶席布置完成。

境——特指环境、心境、意境

对于品茶环境的要求一般是清风、松吟、竹韵、梅开等种种令人心旷神怡的景色。一切景语皆情语。这样融情于景，寓景于情，情景交融，自有境界，具有浓厚的文化氛围。不过也要因时因地因人而宜，不必拘泥于外在限制，只要环境清净雅致，内心安定，无论室内与室外都可与茶相应，开启一段美妙的品茶时光。

艺——特指冲泡技艺与文化内涵

冲泡技艺的修炼需要特别注意三点：茶叶用量、茶水比例、冲泡时间。泡茶步骤主要分为备具迎客、观赏佳茗、温壶、置茶、温润泡、温茶海、泡第一道茶、干壶、分茶。泡茶技艺是最能体现一个人的茶修为的，泡出的茶汤好不好喝，能不能给客人、朋友营造愉快的饮茶环境，都需要经常练习。

一杯好茶的诞生

一杯好茶的诞生有诸多因素，如泡茶的水温、水与茶的比例、冲泡的时间等。

泡茶五要素

择水标准　投茶量　泡茶水温　注水方式　出汤时间

除了基本的五要素，泡好一杯茶和茶具的正确使用、泡茶流程的熟练度也是分不开的。

中国饮茶之风传承千年，人们常以茶喻德，认为茶代表了涵养、品德、礼仪。茶艺是中国茶文化的艺术表现形式，它是一种优美的展示，贯穿饮茶的全过程，是中华传统文化的精华之一。

茶类	投茶量（标准盖碗120ml）	泡茶水温	注水方式	出汤时间
绿茶	4g	80℃—90℃	沿边注水，水流细	5—10秒
白茶	4g	90℃左右	定点注水，水流适中，低注水	10—15秒
黄茶	4g	80℃—90℃	沿边注水，水流细	5—10秒
青茶	7g	100℃	高冲注水，水流粗	5—15秒
红茶	4g	80℃—90℃	沿边注水，水流细，低注水，稳注水	3—10秒
黑茶	7g	100℃	定点注水，水流细，低注水	5—10秒
普洱茶（生普）	7g	100℃	定点沿边注水，水流稳	5—10秒

茶中有礼仪

中国素有礼仪之邦的美称，礼是道德规范，仪是行为准则。在行茶的过程中，可以通过每一个动作细节展现出习茶者的恭敬中正、整洁自律。茶礼让内心的爱与恭敬外化为日常行为，践行到茶席之上。茶礼有男女之分，男生态度温和，举止文雅；女生则更加注重柔美内敛，落落大方。

行茶十礼

- 站位礼：站立时要保持身体中正挺拔，抬头挺胸，下颚微收，目视前方。男生双脚打开与肩同宽，双手自然下垂；女生要注意左脚在前，右脚在后，双膝并拢，右手在上，左手在下，虎口相交，自然放置在小腹处。

- 蹲位礼：蹲下时注意身旁环境，右脚后撤半步，膝盖夹紧，目视前方，后背挺直。男生双手自然放于双膝上；女生则右手在上，左手在下，虎口相交，自然轻放于左膝上。

- 行走礼：要抬头挺胸，下颌微收，目光坚定向前，气定神闲，走直线。

·端坐礼：入座时要稳重落座，避免动作幅度过大产生嘈杂声。坐下后，上身保持自然挺拔，大小腿成90度。

男生双脚可自然打开与肩同宽，双手放在膝盖上；女生膝盖并拢，脚尖微内八字，右手在上，左手在下，双手握持，放于小腹处。

·鞠躬礼：为了向人与茶传达感谢、恭敬之意，要面朝对方，头、颈、肩成一条直线鞠躬。

15度表达欢迎；30度表达问候；45度表达感谢与告别。全程亲善有礼，营造安宁礼敬的氛围。

·伸掌礼：用于指示问询或介绍人或物品时，要保持四指并拢，大拇指贴合，让对方感受到敬意。

男生运用时干脆利落；女生中指微翘，介绍时用手腕带动手指。

·注目礼：在与他人交谈倾听对方讲话时，眼神要柔和，同时要微笑和点头示意。

· 寓意礼：将美好的一面呈现给客人，如茶席花最好的一面要朝向客人，避免尖锐的东西朝向客人。

· 叩指礼：别人为自己倒茶时，表示感谢的礼节。茶席间有三种叩指礼：一是长辈为晚辈倒茶时，晚辈要将五指并拢成拳，拳心向下轻扣桌子三下，表示对长辈与茶的恭敬；二是当平辈之间倒茶时，需要并拢食指与中指，用指肚轻轻敲击桌面两到三下，表示尊重；三是当晚辈为长辈倒茶时，长辈可以将食指或中指敲击桌面。如遇到特别欣赏的晚辈，可敲两至三下。

· 巡茶礼：在注水的过程中，要注意水流的大小，避免水花四溅。沿边注水时向内旋转，分茶汤要均匀，公平公正，整个过程注意桌面的清洁。

敲黑板

行茶十礼：站位礼、蹲位礼、行走礼、端坐礼、鞠躬礼、伸掌礼、注目礼、寓意礼、叩指礼、巡茶礼。

知识拓展

虎跑泉与趵突泉

古人对茶的品鉴有着丰富的经验，对于水的品鉴亦十分精到。天然水中，泉水是比较纯净的，杂质少，透明度高，污染少，水质最好。中国的五大名泉为镇江中泠泉、无锡惠山泉、苏州观音泉、杭州虎跑泉和济南趵突泉。

"龙井茶，虎跑水"中的虎跑水就是古人最为喜爱的山泉水。相传，唐元和年间，有个名叫"性空"的和尚游方到虎跑，见此处环境优美，风景秀丽，便想建座寺院，但无水源，一筹莫展。夜里梦见神仙相告："南岳衡山有童子泉，当夜遣二虎迁来。"第二天，果然跑来两只老虎，刨地作穴，泉水遂涌，水味甘醇，虎跑泉因而得名。

自古名泉配名茶。在山东济南，也有一处天下名泉——趵突泉。相传乾隆皇帝爱喝茶，曾周游全国，就各地泉水的优劣问题做过专门的研究。最后他认为北京西郊的玉泉水是最适合泡茶的，甚至下江南的时候，泡茶的水就是带的北京玉泉水。后来乾隆皇帝途经济南时品饮了趵突泉水，觉得这水竟比玉泉水更加甘洌爽口，于是赐封趵突泉为"天下第一泉"，并写了一篇《游趵突泉记》，还为趵突泉题书了"激湍"两个大字。

课后作业

通过学习中国茶艺的六大要素，感受茶艺中的丰富内涵。课后同学们可以尝试冲泡一款茶，细细体会这款茶带给你一种什么样的感受。

5. 茶汤的色香味

在一方茶室中，茶席上有花的鲜香，更有独特的茶香。茶的香气伴随人们度过了数千年，使人不仅能与自然的香气亲密接触，还能体悟人生百味。

茶香类型知多少

大自然中的香气有很多种。茶叶又被称作"香茗"，拥有自然的芳香，可以让我们放松身心。

从茶中可以闻到花香、果香、蜜糖香、木质香等，所以茶与香是奇妙的组合，两者也是密不可分的。茶界泰斗施兆鹏教授在其主编的《茶叶审评与检验》一书中，将成品茶香归纳为九种类型。

闻杯盖香

毫香型

有白毫的鲜叶，嫩度在一芽一叶以上。经正常制茶过程，干茶白毫显露。冲泡时，这种茶叶散发出的特有香气叫毫香。绿茶中的银针茶、碧螺春，都具有典型毫香。

毫香型

嫩香型

鲜叶新鲜柔软，一芽两叶初展，制茶合格的茶多散发出嫩香。如各种毛尖、毛峰茶。

嫩香型

花香型

鲜叶嫩度为一芽两叶，制茶合格，茶叶会散发出类似鲜花的香气。按花香清甜的不同，又可分为清花香和甜花香两种。如青茶的铁观音有兰花香（属清花香），祁门红茶有花蜜香（属甜花香）。

花香型

果香型

茶叶中散发出类似各种水果的香气，如毛桃香、蜜桃香、雪梨香、佛手香、橘子香、李子香、菠萝香、桂圆香、苹果香等。如闽北乌龙茶、红茶。

果香型

清香型

鲜叶嫩度在一芽二、三叶。该香型包括清香、清高、清纯、清正、清鲜等，是绿茶的典型香型。

清香型

甜香型

鲜叶嫩度在一芽二、三叶，红茶制法。红茶的典型香型就是甜香。

甜香型

火香型

鲜叶较老，含梗较多，制造中烘焙火温高、充足、糖类焦糖化。该香型包括米糕香、高火香、老火香及锅巴香。如黄大茶、武夷岩茶。

火香型

陈香型

鲜叶较老，制造中有渥堆陈化过程。如普洱茶及其他多数压制茶。

陈香型

松烟香型

制造干燥工序中用松柏或枫球、黄藤等熏烟的茶叶，一般具有松烟香。如正山小种红茶。

松烟香型

闻香辨茶有方法

茶叶中含有独特的芳香物质,不同种类的茶叶,香气也有所不同。目前所知的茶叶中,含有的香气化合物有 700 多种。

刚采下来的茶,有一股浓郁的青草味。在茶叶的制作工艺中,青草味道慢慢减少,留下茶叶中独特的芳香物质。各类茶叶中,不同的芳香物质形成了不同的品质风味,有的茶甚至会形成新的香味。

都说闻香识好茶,关于茶的品鉴有"三看、三闻、三品、三回味",其中"三闻"就是闻香识茶的三个步骤。

一闻干茶香,称为"干闻"。

用开水温杯后,将茶叶倒入杯中轻摇,闻茶香的纯度,辨别一下茶叶有无烟焦、酸馊、霉陈、日晒等异味。例如绿茶是清香,红茶略带焦糖香,乌龙茶有独特的熟果香,而花茶则拥有花香和茶香混合的强烈香气。

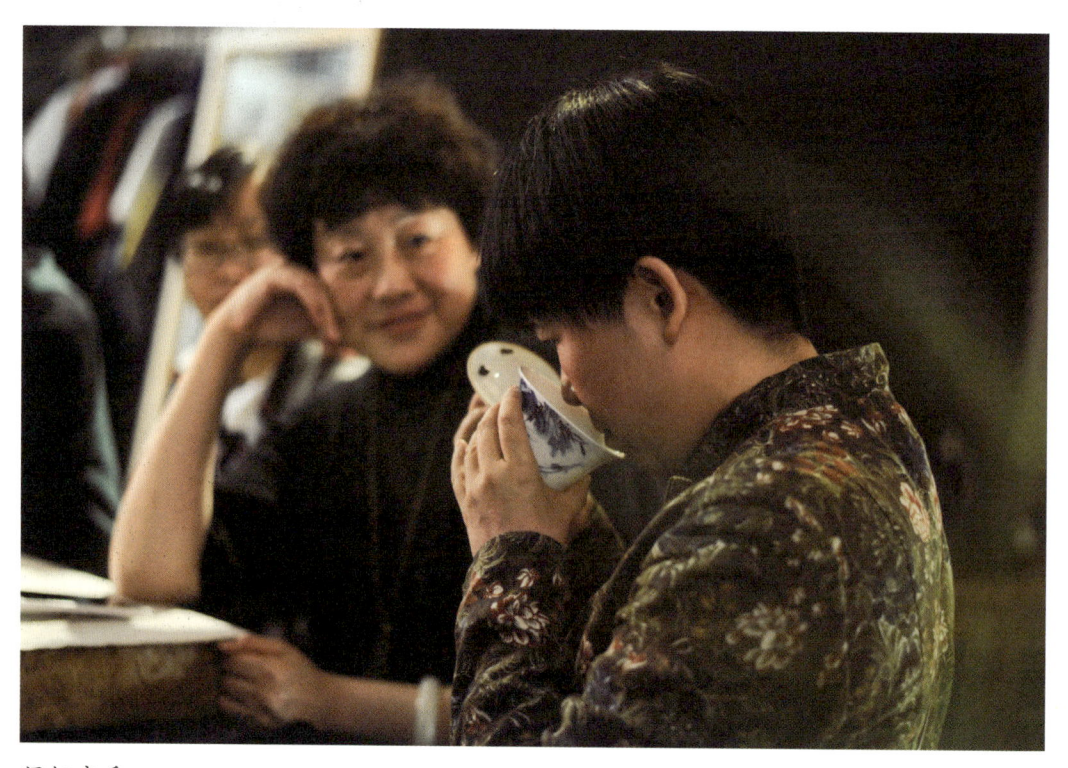

闻杯底香

二闻杯盖香，称为"热闻"。

在冲泡时，闻茶汤所散发出来的甜香、火香、清香、花香、栗香、果香等各种独特的香气。这些香型或醇厚，或淡雅，或平和，各有不同的风情。

闻杯盖香　　　　　　　　　　　　闻茶汤香

三闻杯底香，称为"冷闻"。

喝完茶后，待杯子的余温将水分蒸干后，闻杯内留下的茶的余香，以分辨出香气时间的长短或持久程度。

茶香形成有原因

茶的每一种香型其实是多种元素组合而成的，与茶叶嫩度、品种、生长环境、制造技术等，都有很大关系。

生长的地方：茶树的生长环境，有的在高高的山坡上，有的在矮矮的茶园里，它们生长的环境、水土不同，香气也不一样。地域对茶香的影响很大。比如安溪境内核心产地的铁观音和边缘地区的铁观音，就算是用同样的加工方法，在香气上还是有一定的差异性，这就是地域差异产生的"地域香"。

茶树的品种：同一个科属的植物都有不同的品种。茶树属山茶科，原本只有一种茶树，后经人类的移植、选择、处理等形成了茶树的不同品种，后来又根据不同品种之间的差异分了类。

采制的工艺：如果地域香和品种香是先天自带的话，那加工香就是后天加工形成的。鲜叶经过各种制茶工序，被激发出不同的香气。如绿茶的炒青过程造就了炒豆香，小种红茶加工中因为烟熏而产生了松烟香。这些就是由于加工工艺不同而形成的"加工香"。

泡茶的技巧：不同的茶叶喜欢不同温度的水。具有花果香的乌龙茶，遇到100℃的水，会更加香甜；平易近人的白茶在0℃的水里，也能绽放滋味。而冲泡时，不同的注水方式也会让茶香有所区别。定点注水：沿着盖碗杯壁的固定点，慢慢注水，不翻动茶叶，不直接浇到茶叶上面，从而让茶香缓慢散发出来。环圈注水：沿着盖碗碗壁内侧注水，

茶树周边的环境会直接影响茶叶的香气

传统铁锅杀青

用热水可以把茶香充分激荡出来

壶嘴顺着碗壁打圈,能让茶与水接触更充分,更快出味儿、出香。

茶香的形成过程中有很多影响元素,因此香气极为多变。哪怕是同一批茶,不同的人来冲泡也会让茶香有些细微的变化。

敲黑板

① 茶香有九类:白毫型、嫩香型、花香型、果香型、清香型、甜香型、火香型、陈香型、松烟香型。

② 闻茶香的方式:一闻干茶香,二闻杯盖香,三闻杯底香。

③ 茶叶香气是由先天固有与后天形成综合而成的,分为地域香、品种香、工艺香和泡茶香。

知识拓展

茶香知多少

不同的茶类有着独特的香气特点，这些香气就像是它们为自己设置的气味密码，一闻便知。

西湖龙井豆花香，
碧螺春里果花香，
黄山毛峰玉米甜，
六安瓜片兰花香，
都匀毛尖板栗香，
信阳毛尖毫香甜，
君山银针飘雅香，
祁门红茶玫瑰香，
铁观音中兰花香，
大红袍里焙火香。

课后作业

相似的叶片因为不同的经历变成了多种不同风味的茶，拥有了不同的香气。课后，同学们可借助闻香杯，或者直接闻叶底、茶汤等方式，试一试你能闻出什么味道，感受茶香的奥秘和乐趣。

6. 学会健康饮茶

> 茶叶在我国有着丰富的文化底蕴和悠久的文化历史。一杯好茶是大自然的美好馈赠，给人带来特有的身心体验。

喝茶容易懂茶难

当今社会，茶叶需求量逐年增加，人人皆喝茶，却难免闹出"铁观音是绿茶""大红袍是红茶"诸如此类的笑话；人人皆爱茶，却固执地认为："茶有什么可学的？喝就是了。"

喝茶容易，懂茶难。对于喝茶的人来说，茶只是解渴消乏的饮品，对于懂茶的人来说，茶带来的是一种生活，体会茶的真味，感悟人生的智慧。从喝茶到懂茶究竟有多远？就要从识茶、辨茶、泡好茶的过程中寻找答案。

认识茶的地域之美

茶是大自然的馈赠，泡茶、喝茶的过程中，我们要学会品味茶叶带给我们的独特感受，倾听茶叶对我们诉说的故事。

好山好水出好茶。我国的十大名茶，基本都产自风景名胜之地。如武夷山、西湖、黄山、庐山等。在青云直上、云雾弥漫中，在溪水潺潺、怪石嶙峋旁，在崇山峻岭、蜿蜒曲折处，茶在山水间自成风景。

有很多茶，是根据生长地名来命名的，比如中国庐山云雾、西湖龙井、安溪铁观音，印度的大吉岭茶等。

九江庐山茶山

庐山云雾茶是中国名茶之一。该茶最早是一种野生茶，因产自江西省九江市的庐山而得名，后东林寺名僧慧远将野生茶改造为家生茶，宋代被列为"贡茶"。

杭州龙井茶山

西湖龙井茶分布在浙江杭州西湖湖畔的崇山峻岭之上，向来以"色绿、香郁、味醇、形美"四绝著称于世。每片茶叶形如雀舌，光滑、色翠、整齐，都能达到"直、平、扁、光"，堪称特种"工艺茶"。

安溪铁观音茶山

安溪铁观音茶产于福建省泉州市安溪县。安溪县境内多山，气候温暖，雨量充足，茶树生长茂盛，品种繁多，闻名全国。

湖南君山茶山

君山，古称洞庭山，位于湖南省洞庭湖上，盛产名茶，其中君山银针和碧螺春都在"中国十大名茶"之列。君山茶历史悠久，清代被列为"贡茶"。

感受茶名之美

古往今来，中国茶叶的命名也大有学问。我国茶树产地分布广，品种资源丰富，能制作出 1500 多种茶类。在如此多的茶叶品类中，我国茶叶除了用生产地区命名，还有利用茶的形状、茶树品种、采摘时期和技术措施及销路等命名的，兼具美学和实用性。我们在认识每一款茶的时候，一见茶名便能了解它的一些特性，这也是前人蕴藏在茶叶中的智慧。

有的茶叶命名与分类联系在一起，如工夫红茶，前者是命名，后者是分类；又如白毫银针，前者是分类，后者是命名。茶名以形容形状的为多，如形似瓜子的安徽六安"瓜片"，形似山雀舌的杭州"雀舌"，形状圆直如针的湖南岳阳"君山银针"、湖南安化的松针，形曲如螺的江苏苏州的"碧螺春"。

欣赏茶形之美

茶叶最有视觉效果的就是外形，俊秀的外表给人美的享受。我国的茶叶种类有上千种，分为六大类，每类茶叶又有许多品种，每个品种都有其外形的特征，可分为长条形茶、卷曲条形茶、扁形茶、针形茶、圆形茶、螺钉形茶、片形茶、尖形茶、颗粒形茶、花朵形茶、团块形茶等。

六大茶类中绿茶、红茶、黄茶、白茶等多属于芽茶，一般是由细嫩的茶芽制作而成。其中绿茶中直的称为"针"或"枪"，卷曲的称为"螺"，圆的称为"珠"，一芽一叶的称为"旗枪"，一芽两叶的称为"雀舌"。如白毫银针、碧螺春、都匀毛尖等。青茶（乌龙茶）多

为一芽二叶或一芽三叶,但茶叶外形也被茶人喜爱,如安溪"铁观音"即有"青蒂绿腹蜻蜓头,美如观音重如铁"之说。

品味茶汤之美

茶是饮料，其饮用价值取决于滋味的好坏。"啜苦咽甘，茶也"，这是茶圣陆羽对茶的定义。一杯简单的茶汤，其魅力在于味及其展现的自然风韵。

茶汤滋味与汤色、香气密切相关，一般汤色深的，香气浓，味也厚；汤色浅的，香气淡，味也淡。审评滋味先要分辨是否正常，正常的滋味区别其浓淡、强弱、鲜爽、醇和，不正常的区别其苦、涩、粗、异。

纯正：品质正常的茶类应有的滋味。

浓淡：浓——茶汤中浸出的内含物质丰富，入口味厚。

　　　淡——茶汤中内含物质少，味淡薄。

强弱：茶汤入口即感到苦涩且刺激性强。如大叶种绿茶、红茶滋味刺激性较强；小叶种绿茶、红茶滋味刺激性相对弱些。

鲜爽：感觉新鲜、爽口。滋味与香气常联系在一起，在尝味时可嗅到香气。

醇和：醇——表示茶味尚浓，回味也爽，但刺激性不强。

　　　和——表示茶味淡，内含物质不丰富，刺激性弱而正常可口。

浸润茶香之美

茶叶的香气成分主要是鲜叶中所含有的芳香物质和加工中产生的芳香物质。茶叶香气因茶树品种、生产环境、肥培管理、季节、采摘标准、加工方法不同，差异非常明显。目前已知茶叶中含有的香气化合物有700多种，说明在茶叶加工中香气的变化是极其复杂的。

纯异：纯——某茶应有的香气，异——茶中夹杂其他不良气味。

纯正的香气有三种类型：即茶类香、地域香和附加香气。

茶类香：即某种茶类应有的香气，如绿茶的清香、青茶的花香、红茶的甜香等。在茶类香中又要注意区别产地香和季节香，产地香即高山、低山之区别，一般高山茶香气高于低山茶香气。季节香是指不同季节，茶的香气有所不同，红茶和绿茶一般是春茶香气高于夏秋茶，青茶的秋茶香气又比春夏茶好。

高低：香气的高低可从浓、鲜、清、纯、平、粗来区别。

浓：香气高，有活力，刺激性强。

鲜：如呼吸新鲜空气，有爽快感。

清：清爽新鲜之感，其刺激性有中弱、感受快慢之分。

纯：香气一般，无异杂气味，感觉纯正。

平：香气平，无异杂气味。

粗：感觉糙鼻，有时感到辛涩，都属粗老气。

践行茶之美德

茶是大自然赋予人类的天地之灵，是可以独斟，也可以共品的自然产物。因茶衍生出的茶文化更是将儒、道、佛三家的思想融在一起，架起人与自然、人与历史、人与世界，乃至人与内心的桥梁。唐代刘贞亮编写的《茶十德》，首次概括了饮茶对身心的多种帮助，印证了茶有"陶冶情操，美化生活"的能力。

已故的茶学专家庄晚芳教授，曾提出中国的茶德应是"廉、美、和、敬"。其中茶蕴藏的情操和本性符合中华民族平凡实在、和谐相处、重情好客、勤俭育德的民族精神。

廉——清廉雅韵，廉以修身，俭以养德，待客之风。

美——名茗为主，共尝美味，共闻清香，共叙友情。

和——德重茶礼，和诚相处，和悦人际，包容万物。

敬——敬人爱民，助人为乐，低调为人，慷慨慈悯。

安静有礼：说话屏声静气，温和有礼，不要大声喧哗。

礼让有度：喝茶时不要争抢，按照顺序依次品饮。

互相关爱：与伙伴互相关心，关爱有加。

尊敬师长：尊重每一位传授给我们知识的老师，尊重我们身边共同生活的长辈。

大方好客：与他人友好相处，共同分享知识与快乐，热情待客，主动关心。

敲黑板

茶叶六美：地域、茶名、茶形、茶汤、茶香、茶德。

知识拓展

《茶十德》

唐代刘贞亮在《茶十德》中提出饮茶十德："以茶散郁气；以茶驱睡气；以茶养生气；以茶除病气；以茶利礼仁；以茶表敬意；以茶尝滋味；以茶养身体；以茶可行道；以茶可雅志。"

这是中国最早最完整的关于茶德的描述，从茶的功效到精神层面进行了阐述，将饮茶提升到人的品德修养层面，并扩大到亲和待人的人际交往中，对于当今茶文化的传播起到了积极的推动作用。

《茶三字经》（新编）

中国茶，世界传。起源地，云贵川。

江北茶，信阳名。日照绿，在山东。

青岛市，崂山绿。看泰山，女儿茶。
安徽茶，毛峰优。猴魁展，瓜片叶。
江南茶，浙江名。西湖优，龙井香。
碧螺春，华南茶。大红袍，在武夷。
太姥山，福鼎白。凤凰山，产单丛。
台湾茶，冻顶多。四川省，竹叶青。
康砖茶，产雅安。分生熟，普洱茶。

课后作业

通过学习茶之六美，同学们可以从茶的产地、名称、外形、滋味、茶香、茶德六个方面来选择出自己最喜欢的茶。

茶是生活良伴，亦是一种文化表达。怀古溯源，一杯茶传承着中国的历史和文化；时至今日，茶文化已融合进现代生活的方方面面。

辨茶篇（上）

1. 勇争第一的绿茶

每年春天，绿茶是六大茶类中第一个被采摘制作的茶类，除此之外，绿茶还占据了多个第一。

勇争第一的绿茶

绿茶主产中国，具有绿叶清汤的特点。各地独特的制茶工艺与饮茶风俗，形成了各地不同的绿茶文化，如龙井文化、毛尖文化等。目前绿茶根据制作工艺的不同，可以分为炒青、烘青、晒青和蒸青四种。

中国十大名茶中，有一半以上都是绿茶。历史上绿茶被多次选为贡茶，比如苏州洞庭山的碧螺春，由于"洞庭无处不飞翠，碧螺春香百里醉"而得名"吓煞人香"。相传清代康熙年间，康熙皇帝品尝了以后，因其外形银白隐翠、卷曲如螺，题名"碧螺"，并让其作为贡茶，年年进贡。

除此以外，很多历史名人都对各个名山的名优绿茶给予了不同的赞誉。

绿茶不仅在中国产量年年蝉联第一，消耗量也是第一；同时，它也是六大茶类工艺中出现最早的茶类，其他茶类都是在绿茶的工艺上变化而来的。

绿茶制作第一步是杀青。一是为了去除茶叶鲜叶的青草气味，二是能够阻止茶多酚氧化，保持绿茶清汤绿叶鲜爽的品质特征，三是为了失去一定的水分以增加茶叶的韧度，方便下一步揉捻成型。传统的绿茶制作是直接用锅蒸，这样的工艺现在依然保留，中国湖北的恩施玉露就是代表，但大部分的蒸青绿茶工艺都是日本在应用。

绿茶制作第二步是揉捻。揉捻的轻重缓急影响茶汁的溢出速度，让茶叶的口感有了浓淡的分别，而且通过揉捻，人们可以把茶叶做成不同的形状，可以是扁平的龙井形，也可以是卷曲的螺形，还可以是匀直的针形。

绿茶制作第三步是干燥。把炒青后的茶叶干燥，让茶叶保持一定的含水量，方便后期的储存。一开始人们把茶叶蒸熟后晒干，晒干的茶叶有一股淡淡的自然清香，但这样的方法对太阳和天气有一定的要求，后来人们发现用铁锅炒制的绿茶喝起来香气更加浓郁，外形也更加鲜亮，烘干的茶叶外形松散，喝起来茶叶的原味保留得也更好。不同的茶叶制法让茶叶有了不同的外形、香气和口感，这也就是中国茶的独特之处。

随处可见的绿茶

绿茶是我国分布最广泛，产量、销量最大，也是在生活中最常见的茶类。

省份	优质绿茶代表
浙江省	西湖龙井、安吉白茶、浙江白茶、顾渚紫笋、径山茶、开化龙顶、千岛玉叶、莫干黄芽、华顶云雾、松阳银猴、兰溪毛峰、惠明茶、雁荡毛峰、天目青顶、普陀佛茶、鸠坑毛尖、太白顶芽、日铸雪芽、双龙银针、望府银毫
江苏省	洞庭碧螺春、南京雨花茶、阳羡雪芽、金坛雀舌、无锡毫茶、太湖翠竹、前峰雪莲、梅龙茶、花果山云雾茶、荆溪云片
安徽省	黄山毛峰、太平猴魁、六安瓜片、岳西翠兰、涌溪火青、休宁松萝、敬亭绿雪、天柱剑毫、泾县特尖、老竹大方
四川省	峨眉竹叶青、蒙顶甘露、雨城银芽、永川秀芽、峨眉雪芽、文君嫩绿、青坡雪芽、蒙顶茶、宝顶绿茶、峨眉毛峰
江西省	庐山云雾、婺源茗眉、遂川狗牯脑、上饶白眉、双井绿、井冈翠绿、麻姑茶、瑞州黄檗茶、周打铁茶、九龙茶
湖南省	高桥银峰、石门银峰、古丈毛尖、安化松针、碣滩茶、岳麓毛尖、湘波绿、绍峰茶、南岳云雾茶、东湖银毫
陕西省	午子仙毫、紫阳毛尖、陕南绿茶、秦巴雾毫、紫阳毛尖、汉水银梭、汉中仙毫
湖北省	恩施玉露、松峰绿茶、仙人掌茶、峡州碧峰、车云山毛尖、双桥毛尖、龟山岩绿、隆中茶、金水翠峰、水仙茸勾茶

云南省	南糯白毫、云海白毫、宝洪茶、化佛茶、大关翠华茶、苍山雪绿、墨江晕针、滇青、绿春玛玉茶
贵州省	都匀毛尖、湄潭雀舌、遵义毛峰、梵净翠峰、贵定云雾茶、湄江翠片
广西省	凌云白毫、凌螺春、南山白毛茶、桂林毛尖、覃塘毛尖、桂平西山茶
福建省	南安石亭绿、七境堂绿茶、宁德天山绿茶、龙岩斜背茶、莲心茶
河南省	信阳毛尖、仰天雪绿、车云山毛尖
山东省	日照绿茶、崂山绿茶、诸城绿茶

人见人爱的绿茶

西湖龙井

西湖龙井茶叶以芽头为主，俗称"莲心"，产量极低，是龙井中的极品。

西湖龙井

洞庭碧螺春

洞庭碧螺春以幼嫩新芽为主，是我国十大名茶中的珍品，以"形美，色艳，香浓，味醇"四绝闻名中外。其采摘要求极其严格，有三大特点：一是摘得早，二是采得嫩，三是选得净。

碧螺春

太平猴魁

太平猴魁被称为"茶中之魁"，有"头泡香，再泡浓，三泡、四泡沁人心"的说法。采摘时选择一芽三叶或四叶，筛选的时候只保留一芽二叶，俗称"头尖"。

太平猴魁

绿茶冲泡技巧

适合茶器：玻璃器皿。

冲泡技巧：上投法、中投法、下投法，定点注水，水流先急后缓。

上投法

先在玻璃杯中注入七分水，水温控制在 80℃—90℃，然后向杯中投放茶叶。适用于茶芽细嫩、紧细重实的茶。

中投法

先在玻璃杯中注入三分水，放入茶叶，轻轻摇晃使茶叶与水初步浸润，然后再注入七分水。适用于茶芽细嫩、叶张扁平或茸毫多而易浮水面的茶。

下投法

先在玻璃杯中放入茶叶，再注入七分水，使茶叶与水充分浸润。适用于茶叶嫩度不高、芽叶肥大的茶。

茶水比例：比例为 1 ∶ 50，如投茶量 2g，则注水量为 100ml。

适合水温：80℃—90℃。

敲黑板

①绿茶整体特征：清汤绿叶、口感鲜爽。

②绿茶制作工艺：杀青——揉捻——干燥。

③绿茶按照制作工艺分为：

蒸青绿茶——恩施玉露——海苔的味道。

炒青绿茶——西湖龙井——豆花香。

烘青绿茶——太平猴魁——嫩栗香。

晒青绿茶——滇绿（生普）——梅子香。

知识拓展

十大名茶，谁与争锋

◎时间：1915 年。

评选机构：巴拿马万国博览会。

入围：碧螺春、信阳毛尖、西湖龙井、君山银针、黄山毛峰、武夷岩茶、祁门红茶、都匀毛尖、六安瓜片、安溪铁观音。

◎时间：1959 年。

评选机构：中国"十大名茶"评比会。

入围：碧螺春、南京雨花茶、信阳毛尖、君山银针、黄山毛峰、武夷岩茶、祁门红茶、庐山云雾茶、六安瓜片、安溪铁观音。

◎时间：1999 年。

评选机构：解放日报。

入围：碧螺春、信阳毛尖、西湖龙井、恩施玉露、福建云针、云南普洱茶、福建云茶、都匀毛尖、六安瓜片、庐山云雾、安溪铁观音。

◎时间：2002年。

评选机构：香港文汇报。

入围：碧螺春、信阳毛尖、西湖龙井、君山银针、黄山毛峰、武夷岩茶、祁门红茶、都匀毛尖、六安瓜片、安溪铁观音。

课后作业

本章我们学习了很多关于绿茶的知识，了解到绿茶根据工艺不同，有不同的分类和口感。请同学们回家找一找，家中是否有绿茶，它们分别属于哪一类。

2. 绿茶冲泡——狮峰龙井

"天下名茶数龙井，龙井上品在狮峰"，相传乾隆皇帝下江南时，来到这里采茶，刚采了一把，便听太监来报，太后生病。皇帝回京时比较匆忙，便将狮峰山的茶叶放进袖子里，顺便带回了京城。太后闻见龙井茶的香味，便想尝一尝，泡好喝了一口，顿时觉得浑身舒服多了，病也好了一半。于是，皇帝下令将杭州狮峰山下胡公庙前的十八棵茶树封为御茶，每年采摘新茶，专门进贡太后。

西湖龙井位列中国名茶之首，是炒青绿茶的代表茶，以茶叶的"色绿、香郁、味醇、形美"著称。西湖龙井依据西湖山区的具体产地，划分为"狮""龙""云""虎""梅"五大核心产区。

绿茶最佳搭配的茶具要易于散热、质地致密、孔隙度小、不易吸湿（香），如无色、无花的玻璃杯和薄胎瓷杯。

备水

将热水烧至100℃后，放凉至85℃左右。

量取干茶

茶水比例为1∶50，100ml的盖碗需要2g茶叶。

赏茶

冲泡狮峰龙井，为谷雨节气前采摘，选用一芽两叶等级的原料，因手工采摘制作，外形不很匀整，但香气、滋味浓郁、饱满。

注水

绿茶的茶芽较鲜嫩，为避免热水直接接触茶芽，先注入杯底三分之一的水。

投茶

用茶拨轻轻将茶叶的干茶拨入盖碗中。

润茶

盖上杯盖，轻轻晃动茶杯，让茶与水慢慢融合。

闻香

打开杯盖，茶香四溢，淡淡的豆花香扑面而来。

注水

再次注入热水至盖碗七分满。

出汤

将茶汤倒入公道杯中。

分汤

根据品茶的人数，分别将公道杯中的茶汤均匀倒入茶杯中。

品茶

好茶不一定贵，每一片茶叶都有它自己的故事，我们细细地品味茶汤，从茶汤的滋味与香气中感受孕育它的环境、气候、工艺和土壤。

敲黑板

茶品档案

①名称：狮峰龙井。

②产地：西湖龙井核心产区狮峰山。

③采摘时间：谷雨前。

④工艺制作：杀青——揉捻——干燥。

⑤冲泡技巧：中投法，定点注水。

知识拓展

明前绿茶贵如金

中国传统的农历每隔15天为一个节气，明前茶和雨前茶是在不同节气对不同阶段春茶的称呼。4月5日左右是"清明"节气，4月20日左右是"谷雨"节气，很多茶文化专家表示，经过漫长冬季的孕育，茶树体内的养分得到充分积累，氨基酸含量丰富，含有苦涩味的茶多酚含量较低，这时的茶叶口感香甜鲜醇。再加上清明节前很少受到农药的污染，因此，明前茶得到了很多爱茶人的青睐，就有了"明前绿茶贵如金"的说法。

课后作业

今天我们学习了西湖龙井的具体冲泡方式和品鉴技巧，请同学们课后为家人冲泡西湖龙井，分享这款茶吧。

3. 白茶与阳光的邂逅

有一种茶，它生在山间，制作在阳光下，如同大自然的精灵，以最简单的加工工艺制成，保留着原始的生命形态和特有的营养成分，没有过多的人工干预，成茶随着时光流逝却愈加珍贵，更能展现茶最本真的味道。有人说，那是阳光的味道；有人说，那是自然的芬芳；有人说，那是茶、是宝，是美人茶、旅行茶……它就是本节的主角——白茶。

白茶的传说

相传太姥山下一农家女子以种兰为业，人称兰姑，当时她所在的村庄麻疹恶疾流行，人多不治而亡。一天夜里，兰姑梦见南极仙翁，被告知洞顶有一株2米高的小树叫"茶"，叶子晒干后用开水冲泡是治疗麻疹的良药。兰姑醒来，找到那株茶树，采下绿叶，晒干后送到村民手中。半月后，麻疹终于得到了控制。这种茶叶即为白茶。人们对制作出白茶的兰姑心怀感恩，尊称她为太姥娘娘。

极简主义的白茶

白茶因采用显毫的茶树品种为原料，不揉的独特制法，保留住了叶面上的白毫，故称"白茶"。此茶有"三白"：干茶白，汤色白，叶底白，它是人为干预最少的一大茶类，简单自然的工艺制作出的白茶口感清淡绵甜，深得人心。

白茶一般只经过萎凋、烘干，就可以成为成品。人们通常将新鲜茶叶平摊在席子上使其接受阳光照射，或是把茶叶放在通风效果好的室内，让其慢慢萎凋，当萎凋到八成左右的时候，选用文火烘干，整个步骤简单，所以营养损失非常少。白茶的冲泡不挑水温，不挑场合，非常适合"懒人"品饮。

白茶按照采摘级别的不同，分为全芽茶（代表茶为白毫银针）、芽叶茶（代表茶为白牡丹）和叶茶（代表茶为贡眉和寿眉）。

白毫银针满披白毫，芽头饱满均匀，鲜嫩富有光泽，纤细如针。它是白茶的代表品种之一，产于福建福鼎、政和、建阳一带。白毫银针只采摘茶芽，所以产量有限，极其珍贵。

白牡丹创始于清末，是历史名茶，产于福建福鼎、政和、建阳一带。采摘一芽一叶、一芽二叶制得。因为绿叶夹银白色芽心，呈一心两叶状，就像牡丹花蕾刚刚绽放，所以被人们称为"白牡丹"。

寿眉一般是采摘一芽三叶、一芽四叶，甚至不带茶芽的粗老叶制成，所以寿眉是白茶产量中最高的一类。

人见人爱的白茶

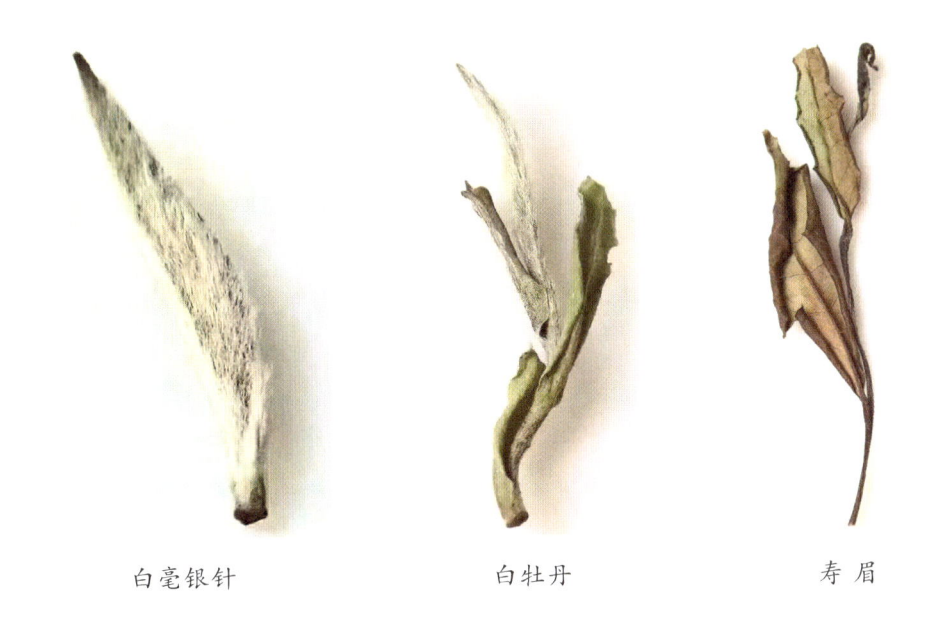

白毫银针　　　　　白牡丹　　　　　寿　眉

喝白茶的好处

白茶独特的加工工艺为白茶的保健功效奠定了基础。白茶的药用价值具有悠久的历史，《闽小记》中提道："白茶，产太姥山鸿雪洞，其性寒凉，功同犀角，是治麻疹之圣药。"

白茶有清热降火，消炎解毒，保护肝脏、明目，调节血糖平衡，抗辐射、抗癌，保护心血管系统的功效。

白茶在生活中的应用

白茶在中国六大茶类中属于"茶中珍品"，除了品饮之外，在生活中的作用也非常广泛。比如白茶药物、白茶牙膏、白茶饮料、白茶香水、白茶糕点等。

白茶香水 　　　　　　　　　白茶牙膏

越老越"宝"的白茶

白茶的储存

白茶是"活着"的茶，在自然干燥通风的储存环境中，白茶可以长期存放，存放时间愈久，茶叶的内含物质愈丰富，民间素有"一年茶，三年药，七年宝"的美誉。茶叶储存的关键在于防压、防潮、密封、避光、防异味，低温保存。容器首选茶叶罐，以锡罐为上，铁罐、纸罐次之，密封性要好。

寿眉　褐色

白茶的转化

白茶的制作工艺十分简单自然，也最大限度地保留了茶叶中的茶氨酸、维生素和多酚类物质，长期饮用可达到美容养颜、消炎杀菌的功效。茶叶的功效和茶叶的"老"有很大的关系，

银针　白毫尽显

一般来说，白茶的转化期会有三年、五年、十年的三次明显转化，也是茶叶的内含

物质从量变到质变的飞跃期。所以，喝绿茶我们要在春天尝尝鲜，喝白茶却不能心急，白茶是越老越"宝"的时光智者。

敲黑板

①白茶有"三白"：干茶白，汤色白，叶底白。
②制作工艺：揉捻——干燥。
③白茶采摘标准：芽茶和叶茶。

芽茶代表茶：白毫银针

外形：芽头饱满，满披白毫，富有光泽，纤细如针。

汤色：浅杏黄，茶毫丰富，茶汤熠熠生辉。

香气：鲜醇。

滋味：鲜甜，毫香蜜韵，清鲜爽口。

叶底：鲜嫩，茶芽饱满均匀，素有"美人茶"之称。

叶茶代表茶：白牡丹

外形：毫心肥壮，叶张肥嫩，呈波纹隆起，叶背遍布洁白茸毛，叶缘向叶背微卷，芽叶连枝。

汤色：杏黄或橙黄清澈，叶底浅灰，叶脉微红。

香气：鲜醇。

滋味：清醇微甜，毫香鲜嫩持久。

叶底：微红，布于绿叶之中，有"红妆素裹"之称。

叶茶代表茶：贡眉、寿眉

外形：叶张梢肥嫩、芽叶连枝，叶枝居多，色泽褐黄、洁净。

汤色：橙黄或深黄。

香气：鲜醇、蜜香。

滋味：醇爽。

叶底：柔软、鲜亮。

适合茶器：白瓷盖碗。

冲泡技巧：沿边注水或定点注水，细水慢流。

茶水比例：比例为1∶50，如投茶量2g，则选用100ml的盖碗即可。

适合水温：90℃—100℃。

白茶在自然干燥通风的储存环境中，可以长期存放，存放时间愈久，茶叶的内含物质愈丰富。

白茶的制作工艺十分简单自然，最大限度地保留了茶叶中的茶氨酸、维生素和多酚类物质，长期饮用可达到美容养颜、消炎杀菌的功效。

知识拓展

白茶的冲泡

① 煮饮。

配料：可添加红枣、枸杞、生姜、桂圆、冰糖。

功效：祛寒保暖。

推荐季节：秋、冬季。

② 三白汤。

配料：白茶、白梨、白糖。

功效：清热去火、润肺止咳。

推荐季节：春、秋季。

③冷饮：在杯中或矿泉水瓶中放入适量的白茶，冷水浸泡数小时。

功效：清凉解暑。

推荐季节：夏季（差旅必备）。

课后作业

白茶的冲泡方式多种多样,有盖碗冲泡,煮饮,冷泡。结合当下的季节,选择一种适合的冲泡方式,回去给家人泡上一款你喜欢的白茶,一起饮用吧。

4. 白茶冲泡——白牡丹

白茶，中国六大茶类之一，属微发酵茶。"一年茶，三年药，七年宝"，白茶因其良好的保健功效走进千家万户。它独特的口感，似花似果又似蜜，吸引着我们的味蕾。它内含丰富的茶氨酸和多酚类物质，为我们的身体注入营养和力量。白茶品质特征为芽叶壮嫩，形态自然，白毫满披。冲泡时用白瓷或黄泥炻器壶杯及内壁有色黑瓷为佳，比如兔毫盏。

世界白茶在中国，中国白茶在福鼎。白茶的核心原产地在福建省福鼎市。福鼎分为四个产区，分别是管阳镇、太姥山、点头镇和磻溪镇。其中管阳镇地势最高，海拔约800米，高海拔注定了茶树的生长环境优越，成茶出类拔萃，香气馥郁，汤感顺滑，回甘持久。

宋朝刘学箕在其《白山茶》中写道："白茶诚异品，天赋玉玲珑。"白茶满披白毫，如银似雪。白茶按照采摘标准分为白毫银针、白牡丹、贡眉和寿眉。今天为大家冲泡的这款高山荒野白牡丹来自福建省福鼎市管阳镇，海拔约800米，经天然阳光萎凋干燥而成。

备水：将热水烧至100℃，放凉至90℃左右。

量取干茶：茶水比例为1∶50，100ml的盖碗需要2g的茶叶．

赏茶：今天冲泡的荒野牡丹，选用一芽两叶等级的原料，芽头饱满，白毫密集，富有光泽。

投茶：用茶拨轻轻将干茶拨入温热的盖碗中。

润茶：盖上杯盖，轻轻晃动茶杯，让茶与水慢慢融合。

闻香：打开杯盖，深嗅茶香，扑面而来的是阳光和花朵的气息，令人陶醉。

注水：再次注入热水至盖碗七分满，定点匀速注水。

出汤：将茶汤倒入公道杯中。

分汤：根据品茶的人数，将公道杯中的茶汤均匀倒入茶杯中。

品茶：品茶分三口，慢慢细饮，这款白牡丹入口清甜，口感纯净，汤感顺滑，唇齿留香。

敲黑板

茶品档案

①名称：高山荒野白牡丹。

②产地：福建省福鼎市管阳镇。

③采摘时间：春季。

④工艺制作：萎凋——干燥。

⑤冲泡技巧：下投法，定点注水。

⑥品鉴术语：入口清甜，口感纯净，汤感顺滑，唇齿留香。

知识拓展

何为荒野茶

陆羽《茶经》有云："野者上，园者次。阳崖阴林，紫者上，绿者次；笋者上，牙者次；叶卷上，叶舒次。"荒野茶即指"野者上"。荒野茶是指茶园在人工种植后没有管理，或者种植过程中中断管理，任其自然生长，不添加任何化肥或农药，茶树生长缓慢，春季茶树发芽，鲜叶中积累了丰富的内含物质，品质优于人工栽培精心管理的田园茶。相对田园茶来说，荒野茶产量少，品质高，价格也高。荒野茶成茶香气馥郁，体感明显，汤感醇滑，回甘持久，花蜜香明显。

课后作业

今天我们学习了荒野白牡丹的具体冲泡方式和品鉴技巧，大家可以尝试亲手泡一款白茶给爸爸妈妈品鉴。

5. 意外诞生的红茶

如果说绿茶属于春天,白茶邂逅了阳光,那么红茶则漂洋过海、游历各地,代表中国与世界对话。从武夷山的正山小种,到优雅的英式下午茶,再到美国的冰红茶、法国的甜茶、俄罗斯的茶炊,还有香港街头最受欢迎的鸳鸯奶茶……都与红茶息息相关。

红茶风靡全球,可谓是人见人爱的"小甜心"。本篇将从红茶的诞生、成长传播、包容特质这三方面,来开启这场红茶与世界的对话。

来历奇特的红茶

红茶的出现具有偶然性,像是被做"坏了"的茶。最早出现的红茶是福建武夷山桐木关的"桐木关小种",现在被称为正山小种。

明末清初,武夷山是入闽的重要通道,一次战事中,有军队入驻武夷山桐木关,由于无处安营休息,就占驻了茶厂。当时正值采茶季,茶厂的地面上到处都是新采摘的茶青,疲惫的士兵直接倒头睡在茶青上。茶厂的百姓也是敢怒不敢言,只能等到士兵走后再开始制茶。这时,新鲜的茶青早已失水变软,且颜

色发红。茶农为了挽回损失，就把已经"蔫"了的柔软茶青揉捻成条，然后用当地特有的马尾松加温烘干。第一款红茶——松香味的桐木关小种就诞生了。

用燃烧马尾松散发的浓郁的松烟香来熏茶

茶叶由于没有及时杀青，所以无法再做成鲜活的绿茶。而正是这一步，成为红茶制作工艺的第一步——萎凋。红茶萎凋分为日光萎凋和室内萎凋，即利用温度使鲜叶水分流失。鲜叶失去部分水分，可以增强酶的活性，同时增加叶片的柔韧度，使其方便造型。制作红茶的第二步是揉捻，揉捻过程中容易造型，而且会增加香味物质的释放，便于氧化，这样有利于下一步的制作工艺。第三步是发酵，发酵是制作红茶中最重要的一步，多酚类物质在酶的作用下发生氧化作用，茶青由绿变成红，形成了红茶红汤红叶的品质。在现代的发酵工艺中，经常会看到黄汤红叶的红茶，是因为现代工艺改良，更好地突出茶叶的芳香物质，发酵程度较轻，如云南的滇红茶，散发着浓郁的花香。制作工艺的最后一步是干燥，采用高温烘焙的方式，使水分快速蒸发，停止发酵，稳定香气，使红茶具有甜醇的口感。根据出现时间的早晚，红茶分为一代红茶，二代红茶和三代红茶。一代红茶就是最具有代表性的、出现最早的正山小种。在红茶接受度越来越高之后，

红茶发酵中

揉捻

茶叶的采摘要以嫩度为优

各地也都在积极尝试，由此出现了二代红茶，也叫工夫红茶，以祁红、宜红、滇红等为代表。这里的"工夫"可不是一般人理解的"功夫"。工夫红茶是指采摘规格统一、一芽一叶或一芽两叶为主，精工细作，很费功夫。最晚出现的三代红茶是红碎茶，碎茶一般以茶包的形式出现，比如立顿红茶。

风靡欧洲的下午茶

墙内开花墙外香

我国虽然是红茶的创始国度，但有趣的是，产量上略逊于印度、斯里兰卡（锡兰）等地，故而我国的红茶在整体知名度上比不上南亚各国，但我国仍是世界上赫赫有名的优质红茶产地。我国是红茶的出产大国，也是红茶的故乡，红茶是我国第二大茶类（仅次于绿茶）。

红茶的诞生具有偶然性，最初茶农看到新生产出来的红茶颜色乌黑，就开始发愁，怕卖相不好，茶商不要，所以他们把红茶价格压得很低。但是第二年茶商又专门来找茶农，指定要去年那款黑乎乎的茶。这给了茶农很大信心，原来茶商第一次采购的茶叶，被荷兰人收走了，结果大受欢迎，今年又来大量回购。从此以后，茶农就开始尝试改良红茶的制作工艺。据记载，我国在16世纪就已经开始生产和饮用红茶，随着茶的进一步发展，目前我国的红茶已经发展成为包括"工夫红茶""小种红茶""红碎茶"等几大门类的茶种，且开始远销海外，成为连接中国和世界文化的桥梁。

就这样，红茶漂洋过海，在国外成了"当红花旦"。以英式下午茶最为出名，并延续至今。英国查理二世与葡萄牙凯瑟琳公主联姻，凯瑟琳公主的嫁妆中就有几箱来自中国的武夷红茶，就是现在的正山小种。为了打发下午时光的无聊与困乏，公主从自己喝茶吃点心到邀请王公贵族一起共饮，掀起了时尚下午茶的潮流。并于19世纪40年代在安娜伯爵夫人的带领下正式形成下午茶文化。当时从中国进口的红茶昂贵且稀少，只有贵族才可以享用。为了节约每年从中国大量进口茶叶的财政支出，英国在当地以及当时的殖民地印度不断研究种植茶叶。

为了自己种植茶叶，英国多次派遣使者入中国武夷山，惊奇地发现红茶跟绿茶竟然是同一棵茶树的叶子，只是制作工艺不同。英使者罗伯特·福琼不仅带走了中国的茶籽茶苗，还带走了中国的制茶工人。最终在印度阿萨姆山脉种出了红茶。红茶也不再属于中国独有。但在英国皇室，依然流行口感丰富、韵味十足的正山小种。英国百姓也纷纷效仿下午茶，但是只能喝到价格便宜的印度红茶。而下午茶文化，正如谚语所说，"当钟声敲响四下，一切的时光为茶而停止"，已经深入到英国人的生活之中。

不仅在英国，法国的甜茶、美国的冰红茶、俄罗斯的茶炊等，都起源于中国的红茶，在世界各地都绽放其绚丽的身姿。

丰富有趣，百变百搭

红茶是标准的全发酵茶，因为制作工艺的关系，干茶色泽和冲泡的茶汤以红色为主调。常见的红茶名品有祁门红茶、正山小种、滇红茶、红碎茶等。

祁门红茶

来自安徽省祁门县等地，以槠叶群体种鲜叶为主要原料，采摘一芽二叶、三叶的鲜叶加工而成。干茶条形紧细匀秀，色泽乌润，具有似玫瑰花的甜香。

祁门红茶　　　　　　　　　　　　正山小种

滇红茶　　　　　　　　　　　　红碎茶

正山小种

来自福建省，采摘鲜叶标准为小开面三叶、四叶，不带毫芽。干茶形条索壮结，茶汤具有桂圆色和蜜枣味，且带醇馥的烟香。

滇红茶

产于云南等地，采用云南大叶种茶树鲜叶制成，包括工夫红茶和滇红碎茶两类。

红碎茶

红碎茶是一种碎片或颗粒茶叶，是国际茶叶市场的大众产品，占全球茶叶总出口量的80%左右，有百余年的产制历史。

红茶颇受欢迎，其口感甜醇，融合性、包容性非常好。可以调制成奶茶、果茶、冰红茶等。

奶茶调饮

器具准备：随手泡，盖碗，过滤网，公道杯两个，品饮杯。

材料准备：纯净水，红茶 5g，纯牛奶 250ml，冰糖 10g（可根据个人口感添加）。

调饮步骤：

① 红茶投入盖碗，闷泡 3 分钟，用过滤网过滤，倒入公道杯，加入冰糖。

② 往另一个公道杯中倒入等量的纯牛奶。

③ 将牛奶缓缓注入红茶中，用两个公道杯来回拉茶约十次，达到充分融合的目的。

④ 注入品饮杯品尝。

调饮丰富多彩，乐趣无穷，不仅仅局限于单纯的奶茶调饮，加入果粒、珍珠粒等更加丰富，大家可以动手调饮出属于自己独特风味的茶饮。

敲黑板

茶品档案

①名称：红茶。

②整体特征：红汤红叶（黄汤红叶）、口感甜醇。

③制作工艺：萎凋——揉捻——发酵——干燥。

④分类方式（按出现时间分类）及代表茶：

一代红茶——正山小种。

二代红茶——祁门红茶。

三代红茶——红碎茶。

知识拓展

四大高香红茶

安徽——祁门红茶。

斯里兰卡——锡兰红茶。

印度——阿萨姆茶。

印度——大吉岭红茶。

课后作业

今天我们认识了百变的红茶，红茶的口感甜醇，调饮百搭，相信你也跃跃欲试了，那就用家里的红茶做一次调饮吧。

6. 红茶冲泡——桐木关小种

正山小种是红茶的"鼻祖",而传统的正山小种,是烟熏味正山小种,在萎凋和烘焙过程中经过松柴烟熏,具有独特的松烟香、桂圆汤、蜜枣味。但是由于现在桐木关被列为自然保护区,所以目前原味正山小种,是在传统工艺的手法上经过普通的木柴烟熏制成。红茶滋味浓、强、鲜,搭配茶具最好是色调温暖、透气性好的紫砂壶。这样搭配茶汤不会变色变味,而且紫砂壶与红茶搭配后,壶的气韵也会更加温雅。

今天为大家冲泡的这款红茶就是来自武夷山核心产区星村镇桐木关的桐木关小种茶。

小种茶属于赤柑种,正山小种为一芽一叶采摘。而小种的升级版,为全部单芽采摘的金骏眉。金骏眉在2005年7月试制作,2006年推向市场,成为20世纪初红茶中声名显赫的高端茶,制作一斤干茶需要5—6万颗芽尖。

备水:将热水烧至100℃后,放凉至85℃左右。

量取干茶:茶水比例为1∶50,100ml的盖碗需要2g的茶叶。

赏茶:今天冲泡的桐木关小种,产自福建省武夷山星村镇桐木关海拔1000米以上的正山村保护区,是由赤柑种制作而成,属于小种红茶。

辨茶篇（上） 133

备水 　　　　　　　　　　　　量取干茶

赏茶 　　　　　　　　　　　　烫具

烫具：清洗茶具。

投茶：用茶拨轻轻将茶叶的干茶拨入盖碗中。

洗茶：小种茶的茶芽较细秀，用85℃的水冲泡。沿边浇注，水流细而缓地注入盖碗之中。快速出汤，将水全部沥干，倒入茶洗之中。

投茶 　　　　　　　　　　　　洗茶

闻香：打开杯盖，甜香四溢，花香饱满，令人愉悦。

注水：再次注入热水至盖碗，水流细而缓，沿着盖碗壁沿边浇注，不要直接打在茶叶上，将茶叶充分浸润。

出汤：将茶汤迅速倒入公道杯中，沥干盖碗中的水分，不要回汤。打开盖碗盖，以免闷茶。

分汤：根据品茶的人数，将公道杯中的茶汤均匀倒入茶杯中。

品茶：品字分三口，一为品，二为喝，三为回。静坐回味，感受红茶独特的桂圆汤、蜜枣味。

闻香

注水

出汤

分汤

品茶

敲黑板

茶品档案

①名称：桐木关小种。

②产地：福建武夷山星村镇桐木关。

③工艺制作：萎凋——揉捻——发酵——干燥。

④冲泡技巧：下投法，沿边注水。

⑤品鉴特点：

干茶：干茶黑褐相间，色泽乌润，条索细秀，紧实。

香气：花果香明显，有蜜枣味。

汤色：呈金黄色，清透有金圈。

滋味：醇厚，甘甜爽滑，韵味持久。

叶底：叶底柔软有弹性，光泽度好。

知识拓展

什么是"正山"

桐木关是武夷山国家级自然保护区的核心地带，只有生长在福建省武夷山星村镇桐木关自然保护区内的小种红茶才能被称为正山小种。桐木关平均海拔1000米左右，地势高峻，物种丰富，生态良好，是国家重点保护区。气候冬暖夏凉，土壤丰富，自然环境良好，雨量充沛，是正山小种的核心产地。而桐木关之外的红茶则称为外山小种。

课后作业

今天我们学习了正山小种的具体冲泡方式和品鉴技巧,知道了正山小种口感甜醇,花香馥郁,请同学们结合所学,分析一下正山的环境特点。

7. 黄茶与花茶的清芬

六大茶类中，黄茶小众低调，人们从炒青绿茶中发现，杀青、揉捻后干燥不足或不及时，叶片即变黄，于是产生了黄茶。其中四川省的蒙顶黄芽是中国历史上最有名的贡茶之一。黄茶工艺奇巧，其"闷黄"工艺至今不可被机器取代。

工艺奇巧的黄茶

黄茶的制作工艺

黄茶属轻发酵茶类，发酵过程中会产生大量消化酶，有助于缓解消化不良，食欲不振；黄茶中的茶多酚、氨基酸和维生素等物质，对防治食道癌有明显功效。黄茶的制作过程为杀青——揉捻——闷黄——干燥。黄茶的杀青、揉捻、干燥等工序均与绿茶制法相似，其中最重要的工序在于"闷黄"，这是形成黄茶黄叶黄汤特点的关键。

闷黄的主要做法是将杀青和揉捻后的茶叶用纸包好，或堆积后盖上湿布，时间以几十分钟或几个小时不等，促使茶坯在水热作用下自动氧化，形成黄叶黄汤的特征。因其传统的闷黄工艺只能靠有经验的老师傅亲手制作，无法被机器所替代，产量少，所以尤为珍贵。"闷黄工艺"被列入了我国非物质文化遗产名录。

杀青 　　　　　　　　　　　揉捻

闷黄 　　　　　　　　　　　干燥

黄茶的分类及代表茶解读

① 黄芽茶（采摘标准：单芽或一芽一叶）

黄芽茶是黄茶中的佼佼者，茶芽细嫩，纯净，匀整；采摘春季萌发的单芽或一芽一叶。代表茶有湖南省君山银针、安徽省霍山黄芽、四川省蒙顶黄芽、浙江省莫干黄芽。

产地：产于湖南省岳阳市洞庭湖君山小岛。

外形：外形紧实挺直，芽身金黄，色泽润亮。

香气：香气高，清雅。

汤色：杏黄清澈。

滋味：爽甜醇厚。

叶底：嫩黄明亮。

黄芽茶

② 黄小茶（采摘标准：一芽两叶）

黄小茶目前在国内的产量不大，采摘较为细嫩的一芽一叶或一芽两叶进行加工，条索细小。主要品种有湖南北港毛尖、湖北鹿苑茶、浙江平阳黄汤。

产地：浙江省平阳北港所产最具代表性。

特点：干茶显黄、汤色杏黄、叶底嫩黄。

③ 黄大茶（采摘标准：一芽三叶、四叶、五叶）

黄大茶是黄茶产量中最多的一类，对于采摘要求比较宽松，一般为一芽三叶、四叶、五叶。主要代表茶有安徽霍山黄大茶、广东大叶青、莱芜老干烘。

产地：安徽省霍山县。

外形：肥壮的梗叶，色泽金黄带褐。

汤色：深黄显褐，清澈油亮。

滋味：浓厚醇和。

香气：浓烈的老火香，焦香味，锅巴香。

黄小茶茶汤

黄大茶茶汤

黄茶的功效

黄茶是轻度发酵茶，发酵过程中产生大量消化酶，有助于缓解消化不良、食欲不振；黄茶中的茶多酚、氨基酸和维生素等物质，对防治食道癌有明显功效。

黄茶的冲泡技巧

适合茶器：白瓷盖碗。色泽以奶白或黄橙色为佳，内壁要洁净细腻，便于欣赏黄茶的茶汤真色。

冲泡技巧：定点注水，细水慢流。第一泡30秒出汤，第二泡60秒出汤，往后适当延长时间。

茶水比例：1∶50，如投茶量2g，则注水量为100ml。

适合水温：80℃—90℃。

香气四溢的花茶

花茶，又称熏花茶、香花茶、香片，属于再加工茶类。传统花茶是以绿茶、红茶、乌龙茶茶坯及能够食用、含香气的鲜花为原料，采用窨制工艺制作而成的茶产品。其中花茶名品有茉莉花茶等。

花茶的起源

我国花茶的生产，始于南宋，至今已有1000余年的历史。最早的加工中心是在福州，从12世纪起，花茶的窨制已扩展到苏州、杭州一带。明代顾元庆《茶谱》一书中较为详细地记载了窨制花茶的香花品种和制茶方法："茉莉、玫瑰、蔷薇、兰蕙、橘花、栀子、木香、梅花，皆可作茶。诸花开时，摘其半含半放之香气全者，量茶叶多少，摘花为茶。花多则太香，而脱茶韵；花少则不香，而不尽美。三停茶叶，一停花始称。"但大规模窨制花茶则始于清代咸丰年间（1851—1861年），到1890年花茶生产已较普遍。茉莉花茶因产地不同，其制作工艺与品质也不尽相同，各具特色，其中最为著名的产地有福建福州、福鼎，浙江金华，江苏苏州，安徽歙县、黄山，广西横县，重庆等地。同时，根据不同品种的茶坯，例如用龙井茶做茶坯，就叫龙井茉莉花茶，如用黄山毛峰做茶坯，就叫毛峰茉莉。茉莉花茶使用的茶叶称茶坯，一般以绿茶为多，少数也有红茶和乌龙茶。

花茶的分类

窨制花茶	花草茶	非茶之茶
代表茶：茉莉银针	代表茶：茉莉花、菊花	代表茶：苦丁

窨制花茶的制作工艺（以茉莉花茶为代表详解）

采花（以七八月的伏花，采摘时间
（下午二点至三点最佳，采摘选择含苞欲放的花蕾）

茉莉花的诞生

摊花、堆花、筛花 　　　　　　　　　茶坯烘干

茶花拼合　　　　　　　　　　　　　　静置窨花

通花散热　　　　　　　　　　　　　　起花

烘干　　　　　　　　　　　　　　　　转窨

花茶的整体特征：花茶具有一定的包容性、专一性、稳定性，饮用花茶有理气解郁的功效，四季皆可饮用。

花茶的品鉴特点：口感鲜灵通透、鲜活芬郁。

花茶的冲泡方式：

适合茶器：白瓷盖碗或玻璃器皿。

冲泡技巧：定点注水，细水慢流。第一泡30秒出汤，第二泡60秒，往后适当延长时间。

茶水比例：1∶22，如投茶量5g，则注水量为100ml。

适合水温：80℃—90℃。

敲黑板

黄茶知识点

①整体特征：黄茶有"三黄"，即干茶显黄、汤色杏黄、叶底嫩黄。

②制作工艺：杀青——揉捻——闷黄——干燥。

③按照采摘级别分为：

黄芽茶——代表茶为君山银针。

黄小茶——代表茶为平阳黄汤。

黄大茶——代表茶为霍山黄大茶。

花茶知识点

①花茶：又名香片。

②品鉴术语：鲜灵通透。

③花茶分类：窨制花茶、花草茶、非茶之茶。

④花茶工艺：茶花处理—窨制拼合—静置窨花—通风散热—起花—烘干—转窨。

⑤花茶冲泡：首选白瓷盖碗和玻璃器皿，水温在80℃—90℃，定点匀速注水。

知识拓展

诗词鉴赏

茉 莉

[宋] 刘克庄

一卉能薰一室香，

炎天犹觉玉肌凉。

野人不敢烦天女，

自折琼枝置枕旁。

茉莉花

[宋] 江奎

灵种传闻出越裳，

何人提挈上蛮航。

他年我若修花史，

列作人间第一香。

这两首诗是古人对茉莉花描述的经典之作，大家不妨一边冲泡茉莉花茶，一边朗诵诗词，将花茶之色香味形美与诗词之韵律相结合，提高我们的文学审美综合素养。

课后作业

茉莉花茶既好闻又好喝，大家可以尝试画一朵含苞待放的茉莉花，并朗读诗词进行鉴赏。以茶入诗，诗画结合，多角度体验品茗之乐。

8. 花茶冲泡——碧潭飘雪

"碧岭拾毛尖，潭底汲清泉，飘飘何所似，雪梅散人间"，这是现代画家邓代昆所作《碧潭飘雪》藏头诗，本诗即是"碧潭飘雪"四字的出处。

碧：色如碧绿的嫩芽，充满生机和活力。

潭：象形如盖碗或玻璃杯，山泉水泡茶为佳。

飘：轻盈的花瓣浮于水面，香气四溢。

雪：洁白的茉莉如同天降瑞雪，赏心悦目。

现代诗人黄纯尧在《碧潭飘雪茶》中写道："天生丽质明前芽，清香入骨窨制花。"碧潭飘雪属于再加工茶类，由茉莉花苞和绿茶原料窨制而成。原产于四川省峨眉山。采明前上等细嫩茶芽，配伏天茉莉鲜朵，手工窨制，成茶冲泡后，汤色澄碧，茉莉花瓣漂浮于水面，如同洁白的瑞雪，飘落在人间。

此茶香气持久，不仅鲜爽可口，更具有观赏价值。碧潭飘雪创始人为知名茶人徐金华（四川人），人们尊称他为"徐公"，因此，碧潭飘雪又名"徐公茶"。

今天为大家冲泡的这款花茶就是来自四川省峨眉山的碧潭飘雪。

备水：将热水烧至100℃后，放凉至85℃左右。

量取干茶：茶水比例为1∶22，100ml的玻璃盖碗需要5g的茶叶。

赏茶：今天冲泡的碧潭飘雪外形紧细挺秀，白毫显露，香气持久。采用早春嫩芽为茶坯原料，与含苞待放的茉莉花窨制而成。茶香花香交融并存，并保留了干花瓣在茶中。

注水：碧潭飘雪极具观赏价值，采用上投法。先向玻璃盖碗中注入四分之三的热水，水温保持在85℃左右。

投茶：用茶拨轻轻将茶叶的干茶拨入玻璃盖碗中。

润茶：茶水融合，朵朵白色的茉莉花瓣漂浮其上，如同天降瑞雪，令人赏心悦目。

闻香：打开杯盖，茉莉花香浓郁，茶香清幽高雅，花香茶香令人陶醉其中。

出汤：将茶汤倒入公道杯中。

分汤：根据品茶的人数，分别将公道杯中的茶汤均匀倒入茶杯中，每次斟入七分满。

品茶：细细地品味茶汤，感受茉莉花在大自然中绽放的欣喜，感受茶花交融之后的美妙香气，经久停留在唇齿之间。

敲黑板

茶品档案

①名称：碧潭飘雪。

②产地：四川省峨眉山。

③采摘时间：清明前。

④工艺制作：传统花茶窨制工艺。

⑤冲泡技巧：下投法，定点注水，80℃—90℃水温。

⑥品鉴术语：鲜灵通透，花香馥郁。

知识拓展

四川盖碗茶暗语

盖碗茶起源于四川，是古老巴蜀文化的一项重要内容。盖碗又称"三才杯"，杯盖象征天，杯底象征地，杯身象征人，三才合一，共同孕育一杯好茶。一个小小的盖碗代表一个小宇宙，天盖之，地载之，人育之。

关于盖碗的发明还有一则传闻：唐代宗宝应年间，有一姓崔的官员，爱好饮茶，其女也有同好，且聪颖异常。因茶盏注入茶汤后，饮茶时很烫手，殊感不便，其女便想出一法，取一小碟垫托在盏下。但刚要喝时，杯子却滑动倾倒，遂又想一法，用蜡在碟中作成一茶盏底大小的圆环，用以固定茶盏，这样饮茶时，茶盏既不会倾倒，又不致烫手。后来又让漆工做成了漆制品，称为"盏托"。此种一盏一托式的茶盏，既实用，又增添了茶盏的装饰效果，给人以庄重之感，遂世代流传至今。

"十里不同风，百里不同俗"，四川人自古好饮茶，尤其是盖碗茶。喝茶喝盖碗，倒茶用长壶，盖碗不仅是四川人喝茶的工具，更是被赋予了人生哲学。小盖碗会说话：

茶盖朝外斜靠	茶盖上放片叶子
外地人有困难	暂时离开莫收盖碗

茶盖朝下靠茶船	茶盖朝上放进茶碗	茶盖立起放茶碗旁
堂倌我要添水了	喝完了可以收桌子了	钱没带够要赊账

课后作业

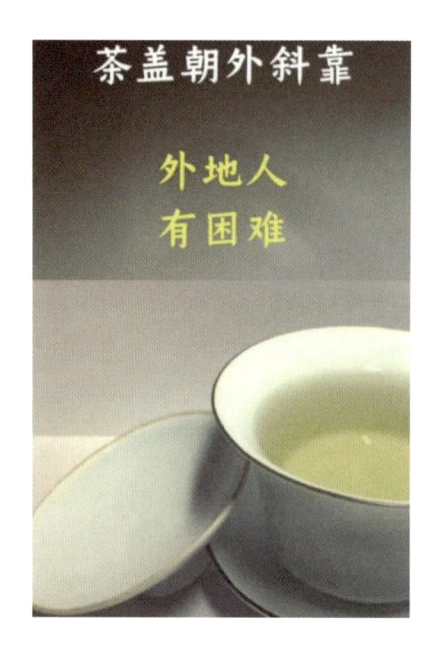

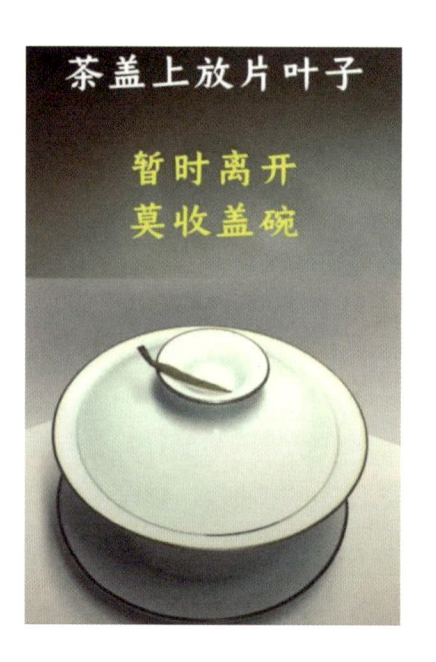

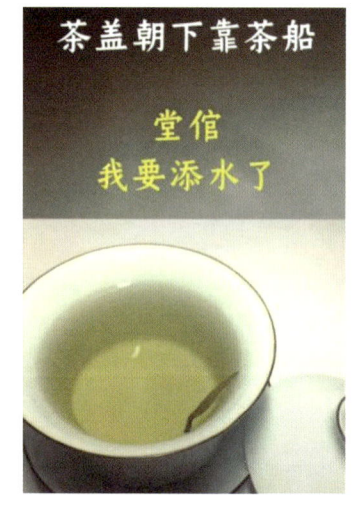

试着把邓代昆《碧潭飘雪》这首诗背下来，默写一遍，感受碧潭飘雪之美。

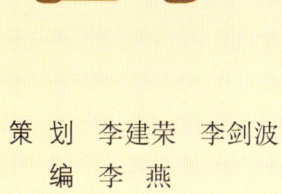

茶艺美学体验教程

下册

总策划　李建荣　李剑波
主　编　李　燕
副主编　殷雪菲　李昀倩

编　委　姜　辉　王　娟　陈翠翠
　　　　陈汉泽　韩　美　卜灿灿
　　　　温　馨　郭　悦　周　荃
　　　　宗佳男　张莎莎　孙龙飞
　　　　刘欣雨　孙　梅　徐　一
图片编辑　李　爽

山东城市出版传媒集团·济南出版社

图书在版编目（CIP）数据

茶艺美学体验教程：全2册 / 李燕主编. —济南：济南出版社，2022.8
ISBN 978-7-5488-5188-2

Ⅰ.①茶… Ⅱ.①李… Ⅲ.①茶艺-美学-中国-教材 Ⅳ.①TS971.21

中国版本图书馆CIP数据核字(2022)第140020号

出 版 人	田俊林
责任编辑	朱 琦　代莹莹
装帧设计	胡大伟
出版发行	济南出版社
地　　址	济南市市中区二环南路1号（250002）
发行电话	（0531）86131729　86131746
	82924885　86131701
印　　刷	济南新先锋彩印有限公司
版　　次	2022年8月第1版
印　　次	2022年8月第1次印刷
成品尺寸	185 mm×260 mm　16开
印　　张	18
字　　数	300千
定　　价	169.00元（全2册）

（济南版图书，如有印装质量问题，请与印刷厂联系调换）

前 言

茶是生活良伴，亦是一种文化表达。怀古溯源，一杯茶传承着中国的历史和文化；时至今日，茶文化已融合进现代生活的方方面面。在茶文化繁荣发展的今天，青少年一代担负着传承和弘扬中国茶文化的责任——学习茶知识，在"茶为国饮"的文化中熏陶，与时俱进地思考并在现代生活中进一步推动中国茶文化的发展。

《茶艺美学体验教程》分为上下两册，全书从中国茶的来龙去脉到茶的冲泡实践，娓娓道来，引导青少年在知行合一的实践中认知茶文化；同时从茶文化的角度展开，用茶文化的魅力来感染青少年，让青少年对茶文化有深层次的理解。两册分别对应两个学年的课程教学内容，通过系统的茶文化的梳理与展示，增加青少年对中华优秀茶文化的认同感、归属感，培养其思辨能力、组织能力、探索创新能力，潜移默化地传递积极的思维，坚定对优秀传统文化的文化自信。

目录 CONTENT

辨茶篇（下）/ 1

1. 独具韵味的青茶 / 3
2. 青茶冲泡——永春佛手 / 9
3. 各有千秋的广东、台湾乌龙 / 13
4. 青茶冲泡——
   乌岽山蜜兰香单丛 / 18
5. 在马背上诞生的黑茶 / 24
6. 黑茶冲泡——安化天尖 / 29
7. 普洱茶与时间的陈化 / 35
8. 普洱茶冲泡——微花龙珠 / 39

生活中的茶艺术 / 43

1. 茶生活——行茶六事 / 45
2. 申时茶初体验 / 53
3. 茶不远人——行茶之时 / 57
4. 茶具茶器 / 64
5. 茶席插花 / 74
6. 茶席设计 / 79
7. 茶空间美学 / 84
8. 茶会设计组织 / 89

茶文化的传播 / 97

1. 茶文化的东渡之旅 / 99
2. 茶文化的英国之行 / 105
3. 世界茶俗知多少 / 111
4. 中国茶走向世界 / 115

茶是生活良伴，亦是一种文化表达。怀古溯源，一杯茶中传承着中国的历史和文化；时至今日，茶文化已融合进现代生活的方方面面。

辨茶篇（下）

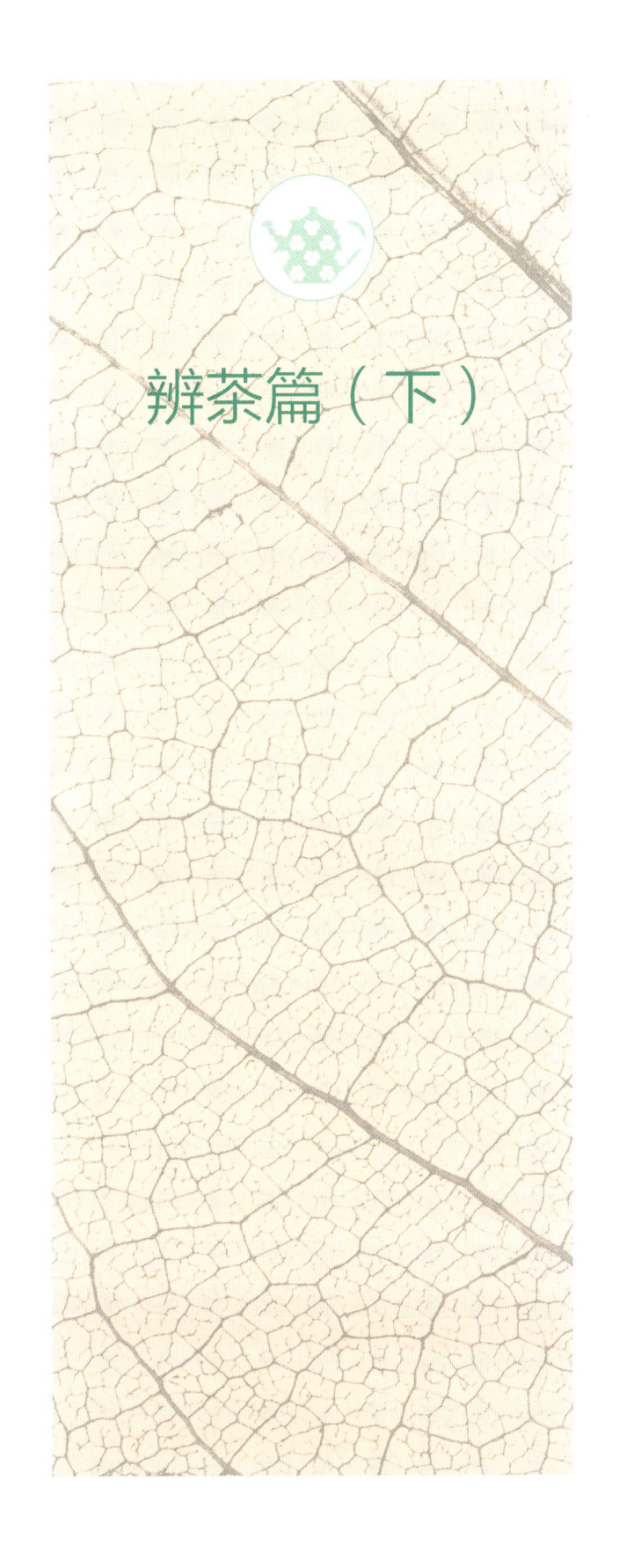

1. 独具韵味的青茶

青茶，又名乌龙茶，是六大茶类中最后出现的一款茶，主要产区分布在福建、广东、台湾等地。茶树品种多样，因地域环境、制作工艺不同，茶品千变万化，各领风骚。

多样的青茶

青茶是介于绿茶和红茶之间的半发酵茶，制作工艺由绿茶演变而来。关于青茶的发现，有一个神奇的传说。相传一位退隐山林的将军，经常背着竹篓上山采茶。某天回家的路上，他偶然碰到山中野兔，一时兴起，追赶了半天，结果背篓里的茶叶变成了"绿叶红镶边"的模样。虽然错过了茶叶杀青的时间，但将军依照制茶工艺继续制作，做成了有别于绿茶口感的半发酵茶。

由此可以看出，背篓里摇青的环节（又叫做青），是形成"绿叶红镶边"的关键步骤。这一步并没有固定的模式，"看天做青，看青做青"，如何操作全凭做茶师傅的经验，这也造就了青茶不同的色香味。青茶的制作步骤是鲜叶采摘后萎凋，蒸发茶叶的水分，软化鲜叶，然后做青、杀青、揉捻、干燥。干燥的过程一般采用烘焙的方式，烘焙的次数与程度不同，决定了青茶不同的口感。

青茶同时集中了绿茶和红茶的特点，既有高扬的香气，又有醇厚的口感。青茶种类繁多，按产区分为闽北乌龙、闽南乌龙、广东乌龙、台湾乌龙。因茶树品种、

乌龙茶的制作过程

地理环境、制作工艺不同，各产区口感各异，地域特征明显。

闽南乌龙及闽北乌龙均属福建乌龙。闽南乌龙以香取胜，闽北乌龙以水醇见长，所以有"南香北水"之说。

岩骨花香——闽北乌龙

岩茶是闽北乌龙的代表。陆羽《茶经》中对茶树生长土壤的相关描述为："上者生烂石，中者生砾壤，下者生黄土。"武夷山的三十六峰、九十九岩，每一处山峰、每一块岩石都有生命在寻求生机，随便撒一撮薄土，就有植物生根发芽，奋力生长。这里是茶树的天堂，是岩茶爱好者心中的圣地。目前备受推崇的明星山场是三坑两涧：牛栏坑、慧苑坑、大坑口、流香涧、悟源涧。三坑两涧是正岩产区，而在景区周边低山缓坡一带的茶园，则被称为半岩产区，溪流两岸所产的茶叶，品质又略低一等。

如果你喝到一款核心产区的岩茶，便能即刻体会到"岩骨花香"之美妙，香气在口腔中弥漫，口中咀嚼茶汤似有骨感。犹如乾隆皇帝在《冬夜煎茶》中所说："就中武夷品最佳，气味清和兼骨鲠。"

武夷山

武夷岩茶品种众多，大体可分为五类（如下图）。

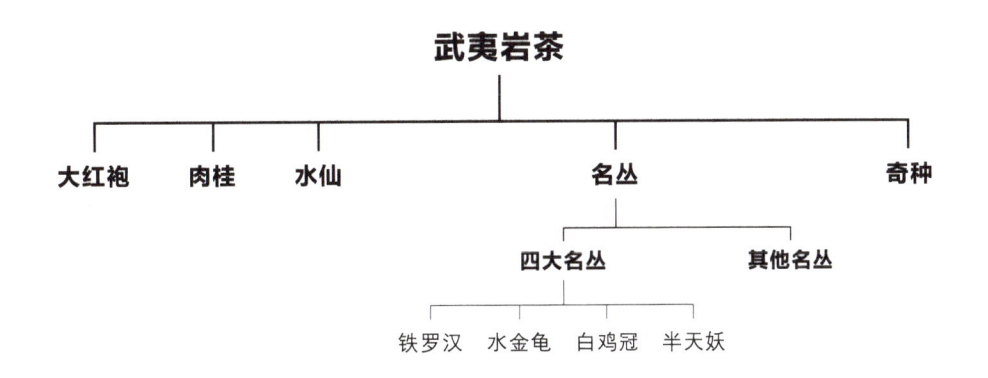

```
                          武夷岩茶
     ┌────────┬────────┬────────┬────────────┬────────┐
   大红袍    肉桂     水仙        名丛          奇种
                                  │
                          ┌───────┴───────┐
                        四大名丛        其他名丛
                    ┌────┬────┬────┐
                  铁罗汉 水金龟 白鸡冠 半天妖
```

大红袍是武夷岩茶的代表。它外形条索紧结，色泽绿褐鲜润，冲泡后汤色橙黄明亮，叶片红绿相间，茶香馥郁持久、果香明显。大红袍具有明显的"岩韵"，素有"茶中状元"之称。现存母树大红袍仅有6棵，生长于武夷山九龙窠岩壁上。

母树大红袍

为保护这一珍贵的世界自然与文化遗产，2006年5月，武夷山市政府下令停采留养母树大红袍，最后一次采摘的20克母树大红袍茶叶赠送给中国国家博物馆珍藏，从此，大红袍母树茶叶成为绝版。这是中国国家博物馆首次收藏的现代茶叶，足以说明大红袍的茶界地位。

母树大红袍我们肯定是喝不到了，那么现在市场上流通的大红袍为何物？目前市面上的大红袍分为纯种大红袍和商品大红袍。纯种大红袍是母树大红袍的后代，是通过其无性繁殖栽培的产物；商品大红袍又称拼配大红袍，由"大红袍之父"陈德华于1985年拼配成功并推向市场。这种茶是根据消费者的口味需求，采用岩茶中的不同品种拼配而成的，是目前市场上最常见的大红袍；而拼配的整体原则是"香幽、水厚、韵足、回味好"。

清香雅韵——闽南乌龙

闽南乌龙以"四大花旦"著称，分别是铁观音、本山、黄金桂、毛蟹。铁观音作为闽南乌龙"四大花旦"之首享誉海内外；茶头大、茶梗小的本山，因其香气与铁观音最为接近，种植面积广，所以常做铁观音的替身；黄金桂又称黄旦，因汤色金黄色且有奇特桂花香得名，萌芽早，制作早，外形细、匀、黄，内质香、奇、鲜，是有别于铁观音的又一极品；毛蟹外形与铁观音最为相似，但其主叶脉更明显。

铁观音匀称　　黄旦细长

本山头大　　毛蟹矮胖

铁观音是青茶中的极品，诞生于清朝雍正年间，由安溪茶农培育而成。其外形似蜻蜓头、螺旋体、青蛙腿。闻其香如梅似兰，花香馥郁；品其味清醇甘鲜，回甘持久，七泡仍有余香，具有耐人寻味的观音韵。按照市场茶品中的口味，铁观音可分为清香型、浓香型、陈香型。因加工工艺、发酵程度及焙火程度不同，它们的品质各有特点。清香型铁观音汤色金黄明亮，香气似清雅的花香，滋味醇厚甘甜，具清新雅韵；浓香型铁观音汤色金黄浓艳，香气细腻幽长，浓郁持久，焙火味、熟果味明显；陈香型铁观音是指在适当条件下存放五年以上的铁观音，它的口感更为醇和甘甜。与具有"岩韵"的闽北乌龙大红袍不同，闽南乌龙铁观音具有独特的"观音韵"。品青茶时，最好备一个闻香杯，以体会乌龙独有的绵长香气。清香型适合带盖瓷具，浓香型适合紫砂壶。

铁观音

除了"四大花旦"，闽南乌龙还包括很多品种，如身份多变的奇兰，其新萌发出的芽叶呈白绿色，成茶具有奇特的兰花香；漳平水仙是青茶中唯一的紧压成块茶，茶叶呈"青梗绿腹红镶边"；梅占除了可以做成青茶，还可以做成红茶、白茶、绿茶……

敲黑板

①整体特征：

闽北乌龙——条索壮结弯曲，岩骨花香，以水醇见长。

闽南乌龙——外形卷曲，清醇鲜爽，以香取胜。

②制作工艺：做青——杀青——揉捻——干燥。

③分类依据及代表茶：

按照地域分为以下几种。

闽北乌龙——岩茶大红袍——岩骨花香。

闽南乌龙——铁观音——清醇甘鲜。

广东乌龙——凤凰单丛——山韵蜜味。

台湾乌龙——冻顶乌龙——甜醇馥郁。

福建乌龙包括闽南乌龙和闽北乌龙。

闽南乌龙"四大花旦"：铁观音、本山、黄金桂、毛蟹。

闽北乌龙分类：大红袍、水仙、肉桂、名丛、奇种。

知识拓展

什么样的土壤更适宜茶叶生长

土壤是茶树生存的基础，适合茶树生长的土壤一般都有以下特点：土壤质地一般为沙壤土，有利于水土保持和良好的通风；土壤 pH 值为 4.5—5.5；土壤厚度不小于 60 厘米，让茶树的根系有充足的生长空间，能够吸收足够的水分和肥料；有充足的氮、镁、磷、钾、钙、铁等营养元素，满足茶树的养分需求。

课后作业

今天我们主要学习了福建乌龙，请同学们回顾一下，大红袍和铁观音分别属于青茶的哪一类？

2. 青茶冲泡——永春佛手

永春佛手茶树生长于永春狮峰岩，属于大叶型灌木，有红芽佛手、绿芽佛手两种，红芽佛手品质更佳。永春佛手茶树树冠高大，因其叶形似佛手柑而得名。它的鲜叶呈椭圆形，叶大如掌，叶肉肥厚，质地柔软。永春佛手茶干茶外形条索紧结、肥壮卷曲，色泽乌润，冲泡之后，香气馥郁，具有佛手柑特别的香味。著名茶学家张天福曾描述永春佛手茶"色香味俱臻上乘"，称其为"茶中名品"。

下面让我们来学习如何冲泡永春佛手茶。

备水：将热水烧至100℃。

量取干茶：茶水比例为1∶22，100ml的盖碗需要5g的茶叶。

赏茶：今天冲泡的永春佛手茶采用永春佛手茶树新梢采摘的标准茶青，经过十几道工序精制而成，条索肥壮、重实，色泽乌润。

烫具：清洁茶具，提高茶杯的温度。

备水　　　　　　　　　　　　量取干茶

赏茶 　　　　　　　　　　　　烫具

投茶：用茶拨轻轻将干茶拨入盖碗中。

摇香：盖上杯盖，上下摇晃盖碗。

闻香：打开杯盖，茶香四溢。

注水：高冲击打茶叶，让茶水融合，激发香气。

洗茶：将第一泡茶汤倒入茶海中。

注水：再次将100℃沸水注入盖碗，注意保持水的温度。高温、高冲，使茶叶在杯中翻滚，均匀受热，且沸水要满至杯沿。

投茶 　　　　　　　　　　　　洗茶

闻香 　　　　　　　　　　　　注水

辨茶篇（下） 11

洗茶 　　　　　　　　　　　　　注水

出汤：将茶汤倒入公道杯中。

分汤：根据品茶的人数，将公道杯中的茶汤均匀倒入茶杯中。

品茶：好茶不一定在贵，每一片茶叶都有它自己的故事。细细品味茶汤，从茶汤的滋味与香气中感受它的生长环境、气候、土壤和制作工艺。

出汤 　　　　　　　　　　　　　分汤

品茶

敲黑板

茶品档案

①名称：永春佛手。

②产地：福建省永春县。

③品鉴特点：

干茶：外形肥壮、弯曲，圆润浑厚，色泽乌润。

香气：馥郁香甜，有雪梨、香橼等水果的清香，入口生津。

汤色：汤色橙黄清澈、洁净鲜艳。

滋味：醇厚丰富、鲜涩甘甜。

叶底：呈椭圆形，叶大如掌，叶肉肥厚，质地柔软。

知识拓展

永春佛手的名字由来

相传，有一个和尚常年在佛前供奉香茶及佛手柑。有一天，他突发奇想，如果茶叶也能泡出佛手柑的香气，那该多好啊。于是，他将茶树的枝条嫁接到佛手柑上，最终培植成功了，便将这种茶取名为"佛手"。永春县所生产的佛手茶为此类茶中极品，称为"永春佛手"。

课后作业

本节课我们学习了永春佛手的具体冲泡方式和品鉴技巧，课后请同学们用同样的方法冲泡铁观音，品鉴两款闽南乌龙有什么不同。

3. 各有千秋的广东、台湾乌龙

六大茶类各具特色，绿茶品其鲜，红茶品其甜，青茶则品其香气高扬、香中带韵。如闽南乌龙品铁观音之"观音韵"，闽北乌龙品岩骨花香之"岩韵"，广东乌龙品凤凰单丛之"山韵"，台湾乌龙品高山茶之"冷韵"。

广东乌龙：待到山花烂漫时，她在丛中笑

好山好水出好茶，人杰地灵孕佳茗。一款好茶的出现，离不开适合的自然环境，也与当地的风土人文有关。说起广东乌龙的故事，便要从自然和人文这两点讲起。

广东乌龙起源于广东省潮州市。广东省潮州市是一座历史悠久的文化古城，也是中国工夫茶的发源地。当地人对茶尤为热爱，从早到晚，家家户户，上至老人，下至孩童，饭后闲情，客来人往，商谈生意，无时不茶。"有闲来喝茶"，是潮州人常挂在嘴边的一句话，体现了潮州人以茶会友、热情好客的性格。这个"茶"指的就是广东乌龙的代表茶品——凤凰单丛。

"古邑潮州有一峰，凤凰千载产单丛"。凤凰单丛核心产区在潮州市潮安区凤凰镇凤凰山。凤凰山海拔 1000 米以上，终年云雾弥漫，空气湿润，昼夜温差大；土壤含有丰富的有机物和多种微量元素，有利于茶树的发育和茶叶中茶多酚、芳香物质的形成。这些滋味体现在茶汤中，可以总结为广东乌龙独特的"山韵"。

自然山韵之环境可谓"天时"，凤凰山土壤适宜可谓"地利"，产地之爱茶制茶风气可谓"人和"。天时、地利、人和缺一不可，共同铸就了凤凰单丛的上百种

香型。凤凰单丛按照其呈现的自然花香划分为十大典型香型，分别是黄枝香型（又称栀子花香），芝兰香型，蜜兰香型，桂花香型，玉兰香型，姜花香型（又称姜母香、通天香），夜来香型，茉莉香型，杏仁香型，肉桂香型。这些丰富的香气源于茶树品种和制作工艺的不同。除依照花香命名外，凤凰单丛还有很多其他的命名方式，如以树形命名、以叶片形状命名、以叶片颜色命名等。

鸭屎香干茶

比如鼎鼎有名的"鸭屎香"，是不是瞬间让你产生颇多联想？"鸭屎香"其实是一个别称，如果按呈现花香划分，这款茶的名字为"银花香"，属于清香型代表。只是因为"鸭屎香"这三个字太过另类，引起人们的好奇和关注，反而广为流传。那么，"鸭屎香"一词何来？主要有两种说法：一种是因为茶叶长在当地的黄土壤中，俗称"鸭屎土"；另一种是茶农害怕自己的茶树被别人觊觎，故意丑化茶名，称其为"鸭屎香"，于是"鸭屎香"之名传播开来，延续至今。实际上这款茶的香气雅致舒适、香中带甜、清雅怡人，与鸭屎并无半点关系。

台湾乌龙：高山云雾出好茶，甜醇馥郁冷凝香

品鉴了广东乌龙的山韵悠长，我们再来感受"高冷"韵致的台湾乌龙。注意，此处的"高冷"可不是指高高在上，不近人情。"高"，顾名思义，指"高山云雾出好茶"，"冷"则形容台湾乌龙独具的冷凝香。

都说"高山云雾出好茶"，高山茶是越高越好吗？想弄明白这个问题，我们首先要了解两个概念，即高山茶与台地茶。

高山茶生长在海拔1000米以上的高山上，人工管理成本过高，所以茶树只能

台湾茶生长环境

自己拼命汲取营养,在原生态的环境中生长,同时,高海拔地区早晚温差较大,茶叶成长缓慢,成长期更长,内含物质更加丰富。高山茶叶底柔软,茶汤浓醇甘甜。

台地茶生长在海拔不足1000米的山上,种植在人为开垦的梯田里。当地茶农为了增加产量、方便管理,会对茶枝修枝和施肥打药。台地茶叶底较薄,茶汤滋味平淡。从这一角度理解,茶叶品质随海拔的升高不断提升。但海拔超过2600米则不再适合茶树的生长,所以高山茶并非无上限地追求高海拔。

认识台湾茶,要从海拔开始。台湾乌龙按照海拔从下往上依次划分为松柏常青(海拔200—400米)、冻顶乌龙(海拔500—800米)、阿里山(海拔1200米左右)、杉林溪(海拔1500米左右)、梨山茶(海拔1600—2300米)、大禹岭(海拔2400—2600米)。海拔越高的茶,冲泡时苦涩味越轻,口感越甘甜丰富,耐泡度越高,冲泡后的香气也越发明显。品鉴台湾高山青茶,在闻香时,不仅要关注热嗅、温嗅,更要关注冷嗅,感受香气是否持续不散;凝于公道杯或者茶杯中,给人较高的愉悦度,这就是台湾乌龙独有的"冷凝香"。

台湾乌龙之"冷",一为冷香,二为冷泡。冷泡茶是指用凉白开或冰水将茶叶慢慢浸泡。冷泡茶与热泡茶的最大区别是,冷泡茶茶水中的营养成分随着浸泡时间的增长而缓慢释放,逐渐增多。并非所有茶叶都适合冷泡,高山地区柔软厚实的茶叶,格外适合凉白开或冰水慢慢浸泡。

敲黑板

①整体特征：

广东乌龙——条索细长紧结。

台湾乌龙——枝叶连理，属软枝乌龙。

②制作工艺：萎凋——做青——杀青——揉捻——干燥。

③分类、代表茶及品鉴重点：

广东乌龙——凤凰单丛——山韵蜜味。

台湾乌龙——冻顶乌龙——甜醇馥郁。

④适合茶器：白瓷盖碗、紫砂壶。

⑤冲泡技巧：定点注水，高温击打茶叶。

⑥茶水比例：比例为 1 : 22，例如 100 毫升的盖碗需要 5 克茶叶。

⑦适合水温：100℃沸水。

知识拓展

潮州工夫茶四宝

潮汕工夫茶有四宝，分别是红泥炉、玉书煨、孟臣罐和若琛瓯。

| 红泥炉 | 玉书碨 |

孟臣罐　　　　　　　　　　若琛瓯

红泥炉，顾名思义，指用红泥制作而成的炉子，用于生火，小巧玲珑，用木炭作为燃料，是广东潮汕地区特有的火炉。

玉书煨，专指玉书发明的一种烧水壶，壶身呈褐红色，架在红泥炉上，壶水沸腾时，壶盖会发出"噗噗"的声音，就好像在告诉大家"水开了，快来泡茶呀"。

孟臣罐，也叫孟臣壶，由明末清初著名的制壶大师惠孟臣所制，其壶身小巧精致，壶底刻有"孟臣"二字，专门用来泡工夫茶，是上品宜兴紫砂壶。

若琛瓯，瓯指茶杯，若琛是古代景德镇制作杯子的名人。若琛瓯杯小口浅，只有半个乒乓球大小，白瓷材质，专门用来品饮工夫茶。

潮汕工夫茶推崇"和、敬、精、乐"的精神，是中国茶道文化的典型代表之一。

课后作业

课后冲泡一下广东乌龙和台湾乌龙，感受两者之间的区别。

4. 青茶冲泡——乌岽山蜜兰香单丛

"天高高，雾蒙蒙，天无三日晴，地无百步平"，正是乌岽山的真实写照。乌岽村位于广东省潮州市潮安区凤凰镇凤凰山。妖而不媚的香气、甜而不腻的滋味、独特的山韵是乌岽单丛的气质。

优雅自然的花香、丰富多变的滋味与独特的乌岽山韵，是乌岽山单丛的特点。蜜兰香单丛是凤凰水仙群体品种中的杰出单株，属于小乔木，中叶类，早生种，以"形美、色翠、香郁、味甘"而闻名。

下面让我们来学习一下如何冲泡乌岽山蜜兰香单丛。

备水：将水烧至100℃。

量取干茶：茶水比例为1∶22，100毫升的盖碗需要5克的茶叶。

赏茶：蜜兰香单丛是凤凰单丛的十大花蜜香型名丛之一，其条索紧结，色泽灰褐油润。因产自核心产区乌岽山，山韵蜜味浓厚。

烫具：清洁茶具，提高茶杯的温度。

投茶：用茶拨轻轻将干茶拨入盖碗中。

摇香：盖上杯盖，上下摇晃盖碗。

闻香：打开杯盖，茶香四溢。

注水：高冲击打茶叶，让茶水融合，激发香气。

洗茶：将第一泡茶汤倒入茶海中。

注水：再次将100℃沸水注入盖碗，注意保持水的温度，高温、高冲，使茶叶在杯中翻滚，均匀受热，且沸水要冲满至杯沿。

出汤：将茶汤倒入公道杯中。

分汤：根据品茶的人数，分别将公道杯中的茶汤均匀倒入茶杯中。

品茶：好茶不一定在贵，每一片茶叶都有它自己的韵味，细品茶汤，感受茶叶的滋味与香气。

敲黑板

茶品档案

①名称：蜜兰香单丛。

②产地：凤凰单丛核心产区乌岽山。

③品鉴特点：

干茶：条索紧结，色泽灰褐油润有光泽。

香气：高雅的芝兰花香、甘薯蜜味，香气馥郁持久。

汤色：橙黄明亮。

滋味：浓醇甘爽。

叶底：细腻、软亮。

知识拓展

海拔赋予茶的美好味道

乌岽山，海拔1391米，有900多年的茶叶种植历史，百年以上老茶树众多，出产茶叶品质出众，这里出产的凤凰单丛也被称为"乌岽单丛"。影响茶品的因素有海拔、土壤、坡面、茶树丛龄，其中最关键的因素是海拔。乌岽山空气湿度大，同时高海拔地区早晚温差较大，茶叶成长缓慢，茶叶持嫩性佳，内含物质更加丰富，山韵蜜味浓厚。

乌岽山

课后作业

本节课我们学习了乌岽山蜜兰香单丛的具体冲泡方式和品鉴技巧，课后按照相同的方法冲泡一次蜜兰香单丛，如果有其他香型，对比冲泡，感受其中区别。

5. 在马背上诞生的黑茶

"滇贵川，古道长，黑普洱，翻雪山"。这里说的黑普洱，是我国传统的边销茶，也是边疆少数民族生活中必不可少的饮品。在六大茶类中，黑茶给人以低调、踏实的印象。回溯历史，黑茶确实如一位身负重任的"长者"，为边区少数民族的生活、生产和贸易做出了巨大贡献。

黑茶的由来

唐宋时期，随着茶马古道的开通，人们为了运输更多的茶叶，开始选用粗老原料制作饼茶。因为路途遥远，人背马驮耗费的时间极长，茶叶常常被雨水淋湿，到了天晴时又会被晒干。在这种干、湿交互变换的过程中，茶叶慢慢发酵，翠绿的茶叶变得乌润、油黑，饮用时反而滋味更佳，这就是黑茶的雏形。

身负重任的黑茶

黑茶是少数民族地区不可或缺的生活必需品。这与少数民族地区独特的地理环境及人们的生活习惯有关。在少数民族地区，素有"一日无茶则滞，三日无茶则病"的说法。如西藏地区

高寒，需要高脂肪的牛羊肉等御寒，但缺乏蔬菜水果，维生素难以得到补充，所以助消化又富含多种维生素的茶叶就成了必需品。

成熟稳重的黑茶

表里如一的黑茶，外观稳定，口感稳定。造就如此"成熟稳重"的黑茶，离不开黑茶独特的制作工艺。

制作黑茶第一步是杀青，鲜叶杀青失水。第二步是揉捻，揉破细胞壁，揉捻成形。第三步是渥堆，这也是黑茶制作中最重要的一步。渥堆是让茶叶深度发酵的过程。传统渥堆采取大堆发酵，将毛茶堆成一定高度，然后洒水，覆盖麻布，让毛茶在湿热的环境下发酵。黑茶的渥堆时间一般为48小时。但云南的黑茶渥堆时间较长，能达到四十天到六十天。渥堆程度越重，茶汤的颜色也就越深。经过渥堆发酵之后，第四步就是干燥，使茶叶干燥易于保存。

生活中常见的黑茶，压制茶比较多，外形有砖形、饼形、沱形、龙珠形等。很多茶叶摆台及工艺品，大部分都是由黑茶制作而成。黑茶的产区较为广泛，按其产区不同可分为云南黑茶、广西黑茶、四川黑茶、湖南黑茶、湖北黑茶。

长满"金花"的湖南安化茯砖茶

云南黑茶即我们常说的普洱熟茶。生活中见到的"老茶头"等都属于熟普的附属茶产品。小青柑、玫瑰普洱等则属于创新茶。广西黑茶以广西六堡茶最为出名。六堡茶产自广西梧州六堡镇，品类丰富，独成一派，有老茶婆、果壳茶、虫屎茶、花蕊茶等，每一种都具有独特风味。

四川雅安的茶文化非常悠久，生产的藏茶有芽细、金尖和康砖，都是与藏族人民生活息息相关的茶叶。

云南黑茶

四川藏茶

湖南黑茶

湖北黑茶

湖南的安化黑茶主要销往西北地区，是中国黑茶的始祖。据唐代史料记载，渠江薄片就曾被作为贡品。高马二溪（高家溪、马家溪）也被列为皇家茶园，茶叶品质出众。

除湖南安化外，黑茶的著名产区还有云台山、高家山、六不溪等。安化黑茶的种类较为丰富，有三尖三砖一花卷。三尖为天尖、贡尖、生尖。三砖是茯砖、黑砖、花砖。花卷是千两茶，现在也有百两茶、十两茶。由于古代的计量单位不同，这里的千两其实是36.25千克。

湖北的老青砖以老青茶为原料，经压制而成。据史料记载，青砖茶原产于咸宁赤壁羊楼洞，所以青砖茶也称为"洞砖"。老青砖原是由竹篾做成的帽盒包装，后来为了运输方便改为砖形。内蒙古的咸奶茶一般就是由老青砖制作而成。

被人误解的黑茶

通过学习，我们了解了黑茶丰富的分类。然而在日常认知中，人们还是会对黑茶有所误解，认为黑茶加工工艺和口感略逊一等。

这位茶家族"稳重的老大哥"，默默奉献却被人误解。其实黑茶的保健效果非常好。比如，安化茯砖中的黄色物质是茶叶中特有的金花，学名为"冠突散囊菌"，具有独特的菌花香、药香，可以调节肠胃。黑茶中也含有多种微量元素，对身体大有裨益。

敲黑板

①整体特征：质地粗老厚实。

②制作工艺：杀青——揉捻——渥堆——干燥。

③分类方式及代表茶：按照产地不同分为以下几种。

云南黑茶——熟普洱茶。

广西黑茶——六堡茶。

四川黑茶——康砖。

湖南黑茶——安化天尖。

湖北黑茶——老青砖。

④适合茶器：紫砂壶。

⑤冲泡技巧：下投法，定点注水，粗水流缓注水。

⑥茶水比例：比例为1∶22，如投茶量5克，则注水量为100毫升。

⑦适合水温：95℃—100℃。

⑧茶汤特征：褐茶栗汤。红、浓、陈、醇。

知识拓展

调饮黑茶——酥油茶

游牧民族的生活缺不了茶，更缺不了盐，所以最初黑茶的调饮，以咸奶茶的方式出现，即将黑茶与牛奶混合，并添加盐，制成奶茶，提升口感又营养丰富。

藏族的酥油茶也是少数民族黑茶调饮的智慧结晶。藏族饮茶的方式有酥油茶、奶茶、盐茶和清茶几种方式。酥油茶是藏族人民对客人表示欢迎的一种方式，非常具有仪式感。同时，酥油茶的饮用也要注意礼节。

酥油茶饮用礼仪

坐到方桌边，主人拿一只木碗（或茶杯）放到客人面前。

主人或主妇倒茶时，要轻轻摇晃几次，使茶油均匀。刚倒的酥油茶，客人不可以马上喝，要先与主人聊天。

主人再次倒茶前，客人端起碗用无名指沾茶少许，弹洒三次，轻轻地吹一圈，将浮在茶上的油花吹开，然后呷上一口。饮茶要留一半左右，等主人添上再喝。

客人把碗放回桌上，主人再添满。边喝边添，以喝三碗为宜。

注意：如果你不想喝，就不要动碗；如果喝一半，不想再喝，主人添满，摆着即可。在准备告辞时，连着多喝几口，但不能喝干，碗里要留点漂油花的茶底。

课后作业

查阅资料，说一说黑茶在日常生活中还有哪些应用。

6. 黑茶冲泡——安化天尖

安化的黑茶有"三尖三砖一花卷"之称。三尖指生尖、贡尖、天尖。清道光年间,天尖作为贡茶专供皇室,平民百姓很难喝到。传统的天尖使用七星灶烘焙,松柴明火,具有独特的松烟香。黑茶属于后发酵茶,冲泡器具一般以紫砂壶为上品,陶瓷壶次之,其余皆为下品。这些茶具可使黑茶和普洱的滋味更加高远。

安化天尖使用一级黑毛茶制作,是湖南安化黑茶的上品。一般用竹篾篓直接包装,通风透气,有利于茶叶的后期转化。这种茶存放时间越久,口味越香醇浓厚。

今天为大家冲泡的这款黑茶是湖南安化的天尖。

备水:将热水烧至100℃后,放凉至95℃左右。

量取干茶：茶水比例为1∶22，100毫升的盖碗需要5克茶叶。

赏茶：今天冲泡的安化天尖，产自湖南省益阳市安化县，它的条索紧结，色泽乌黑油润。

烫具：清洗茶具，给茶具一个初始温度。

投茶：用茶拨轻轻将干茶拨入小杯中。

洗茶：天尖为散茶，用95℃的水冲泡，将洗茶水倒入水洗之中。

闻香：打开盖碗，有一股淡淡的松烟香。

注水：再次注入热水至盖碗，随手泡低注水，定点注水，水流粗而缓。

出汤：将茶汤倒入公道杯中，可使用过滤网过滤茶渣。

分汤：根据品茶的人数，分别将公道杯中的茶汤均匀倒入茶杯中。

品茶：天尖独特的口感在味蕾绽放，有松烟香，汤感醇厚。

敲黑板

茶品档案

①名称：安化天尖。

②产地：湖南省益阳市安化县。

③工艺制作：杀青——揉捻——渥堆——干燥。

④冲泡技巧：定点注水，低水流，缓注水。

⑤品鉴特点：

干茶：色泽乌润，条索整洁干净。

香气：松烟香。

汤色：橙黄色，年份越多，汤色越红。

滋味：滋味醇厚，有松烟味。

叶底：叶底匀齐，完整度较高。

知识拓展

解读安化地质环境

湖南省益阳市安化县具有天然的地理优势,素有"山崖水畔,不种自生"的说法。安化黑茶之所以品质这么优秀,离不开安化独特的地理环境和土质。安化出奇石,世界85%的冰碛岩都在安化。"八山一水半分地",在山岩水畔中,这半分地富含微量元素,造就了安化独特的地理环境和土壤环境,非常有利于茶叶生长,而且所产茶叶也富含营养物质。

课后作业

我们今天学习了黑茶的冲泡,其实黑茶既可以泡,也可以煮。醇厚的黑茶非常养生,回家给父母泡一杯黑茶吧。

7. 普洱茶与时间的陈化

今天我们学习的是普洱茶，它发源于云南，是最百变、最耐品味的一类茶。

制作工艺复杂的普洱茶

来自云南产区的普洱茶，一直以来都是习茶之人最喜爱品鉴的茶，也是品种非常丰富的茶。

普洱茶第一步工艺是杀青。通过高温钝化酶的活性，保持普洱茶的鲜度以及蒸发一部分的水分，让茶叶变得柔软，方便下一步揉捻成形。第二步工艺是揉捻。揉捻是通过双手的揉搓，使茶叶的细胞壁破碎。这样在冲泡茶叶的时候，茶叶的内含物质更容易释出。所以在泡茶时，大约泡2—3秒钟即可出汤，此时口感已经非常浓郁了。第三步工艺是蒸压。揉捻之后的茶叶放进一个圆筒状的布袋里，将布袋卷起来，并放在石头模具里，通过大力挤压，让它变成紧实的茶饼。最后一步工艺是干燥，做好的茶饼统一摆放在一起，通过控制温度，让其完全干燥。

干燥后就是可以入口饮用的普洱茶了。普洱茶在蒸压制作过程中已经有了一部分转

传统锅式杀青

揉捻　　　　　　　　　　　　　　　　　　有云南地域香气的干茶

化，所以在入口时除了感受到普洱茶特有的云南地域香、花蜜香、梅子香，喝完之后口腔里还会快速生津回甘，具有丰富的层次感。

注重出身的普洱茶

为什么只有云南生产的普洱茶才具有独特的地域香呢？因为普洱茶是非常注重出身的茶。大叶种茶树喜欢生活在土壤肥沃的产区。云南普洱茶的主要产区分布在海拔1200米到2000米的山地，是热带、亚热带原始森林，没有被破坏的生态环境。这里干湿季分明，昼夜温差大，雨量充沛。且当地土壤是酸性红、黄壤，土壤有机质丰富，适合茶树生长。普洱茶的产区主要有三个。第一个是普洱，第二个是西双版纳，第三个是临沧。这些产区都有一个非常明显的特征，就是它的环境不被人为干预，是原生态的产区环境。

云南省临沧市勐库冰岛湖

既然是茶叶的起源地，也就是说这个地方有非常多的古树茶。在喝普洱茶的时候，很多人喜爱喝古树茶。第一，它的内含物质非常丰富。第二，它的口感具有层次感。我们品茶中涉及的名词如"回甘""生津""水路""喉韵"，在古树茶里都能够感受到。不仅如此，饮茶之人对于茶所有的美好期待，基本上都可以在普洱茶中体会和回味。第三，古树茶具有存放和收藏的价值。它可以长期存放，并且每年都有升值的空间，所以爱茶人一直有着"存新茶，喝老茶"的习惯。

越存越香的普洱茶

普洱茶一直被称为"可以喝的古董"，越存越香。普洱茶在存放的过程中，需要注意避光，防潮，不要放在有异味的空间里，像地下室、厨房等。普洱茶因为有微生物的作用每年都会转化，就像小朋友一样，每年都会成长。转化的过程中，它的口感随之变化，从开始的清香鲜美，到后来逐渐呈现陈香、醇厚的口感。

敲黑板

①整体特征：条索紧实粗壮。

②制作工艺：杀青——揉捻——蒸压——干燥。

③分类方式及代表茶品：

按照产区分类有以下几种。

普洱产区——千家寨。

西双版纳产区——老班章。

临沧产区——昔归。

④适合茶器：盖碗。

⑤冲泡技巧：前三泡定点注水，三泡之后沿边注水。

⑥茶水比例：1∶22，如投茶量5克，则注水量为100毫升。

⑦适合水温：95℃—100℃。

知识拓展

生普与熟普

普洱茶按照加工工艺分为生普与熟普,今天我们通过香气、汤色和口感来区分生普和熟普。

● 香气

生普:花香、蜜香、梅子香。

熟普:沉香、粮食香。

● 汤色

生普:浅黄明亮。

熟普:橙红明亮。

● 口感

生普:甜润生津回甘。

熟普:口感醇厚、温和。

生普

熟普

课后作业

很多有名的普洱茶都是按产地命名的,比如冰岛、班章。再找到五个非常出名的产区,大家一起交流。

8. 普洱茶冲泡——微花龙珠

普洱茶以云南大叶种晒青毛茶为原料,是经过后发酵加工成的散茶和紧压茶。它具有强烈的地域性特点和工艺性特点,茶品以"陈"为贵,越陈越香,是中国茶叶中极具特色的茶类。

赏茶

今天冲泡的这款普洱茶是微花龙珠。

备水:将热水烧至100℃后,放凉至95℃左右。

量取干茶:茶水比例为1∶22,100毫升的盖碗需要5克茶叶。

赏茶:今天冲泡的生普微花是春茶,外形粗壮紧结,花香浓郁,口感清甜。

注水：生普层次感丰富，为发挥最好的口感，前三泡选择定点注水稳定茶性，三泡后沿边注水激发茶香。

投茶：用茶拨轻轻将干茶拨入盖碗中。

润茶：打开杯盖定点注水，让茶与水慢慢融合，将茶叶唤醒。

闻香：打开杯盖，茶香四溢，淡淡的果脯梅子香迎面而来。

注水：再次注入热水至盖碗七分满。

出汤：将茶汤倒入公道杯中。

分汤：根据品茶人数，分别将公道杯中的茶汤均匀倒入茶杯中。

品茶：回想七碗茶诗，再细细品味茶汤，感受普洱茶的层次变化，体会关于茶的所有美好期待。

敲黑板

茶品档案

①名称：微花龙珠。

②产地：云南省临沧市。

③外形：紧实粗壮。

④香气：梅子香、花蜜香。

⑤汤色：浅黄明亮。

⑥滋味：甜润顺滑并伴随生津回甘。

⑦叶底：色泽青褐鲜亮，柔软有韧性。

⑧适合水温：95℃—100℃。

知识拓展

茶叶的形状

茶叶制作完成后主要是以散茶姿态呈现，但为了方便存放和运输以及达到使茶快速转化的目的，制茶师傅要将已经做好的散茶进行再次加工，将散茶蒸软然后压制成不同的形状，我们称之为"紧压茶"。目前在茶叶中常见的形状有饼形、砖形、沱形、巧克力形、龙珠形。

普洱沱茶

普洱茶砖

课后作业

今天我们学习了生普微花龙珠的具体冲泡方式和品鉴技巧，回家之后请同学们选择一款生普来进行完整的冲泡练习吧！

茶是生活良伴,亦是一种文化表达。怀古溯源,一杯茶中传承着中国的历史和文化;时至今日,茶文化已融合进现代生活的方方面面。

生活中的茶艺术

1. 茶生活——行茶六事

行茶并不局限于动作套路和行茶"招式",而是平心静气地做好"六件事"。要以人带茶,真诚、真实、真切地展示生活茶的意义,用开放、知性的态度,充实饱满的心境,去发现生活中更多的可能!

泡茶小贴士

在学习行茶六事之前,我们先要了解一些泡茶及喝茶的注意事项。

1. 长发束起,着装淡雅。

为避免碎发掉落在茶席,要将长发束起。衣着颜色不要太浓烈,妆容也不要过浓,给人以素雅柔和的感觉。

2. 清净无碍,淡香优雅。

茶室、茶席一定要保持清洁,茶师不要喷香水,茶席间的插花及香品要清新淡雅,不宜太浓,否则会影响茶香。

3. 点头微笑，温暖有度。

茶中礼仪得当，给人愉悦舒适放松的感觉。

4. 立腰拔背，松肩沉肘。

保持良好的站姿、坐姿，时刻记得挺直腰背，落落大方。

5. 茶喜静柔，忌声高响。

行茶过程中，物件要轻拿轻放，避免杯子等器物相互碰撞发出声响。而且说话的声音也不宜过高，营造安静友善的氛围。

6. 大小拇指，内扣内收。

泡茶时，小指要内收；请茶时，大拇指要内收，时刻注意茶礼仪。

7. 尖锐壶嘴，切勿指客。

茶席中所有尖锐的物品，如壶嘴、公道杯出水口、茶剪等尖角不要指向客人，否则给人一种很"冲"的感觉，极不礼貌。

8. 烫具洗茶，茶满七分。

泡茶前烫洗茶具，并洗茶，这都是为了卫生健康饮茶。同时烫具之后，茶叶在茶器的初始温度下，激发出茶香。倒茶为七分满，方便客人饮茶。

9. 奉茶左先，长尊有序。

奉茶，是从茶师的左手边开始分茶的，但是如果有长辈在，还是先给长辈奉茶。

10. 公道公平，添茶不越。

公道杯分茶、添茶时需要依次添加，即使没有喝，也不要越过他人的杯子添茶。

11. 茶凉换汤，色浅换茶。

客人长时间没有喝茶汤，便可以换杯新鲜茶汤，茶叶冲泡多次后需要更换新茶叶。

12. 手避沿口，滴水沾巾。

在拿茶具器物时，尤其是拿公杯、品饮杯时，手要避开最上端沿口。茶器有水渍要用茶巾及时清洁。

品茶小贴士

1.依据场合，衣着大方。

提前了解被邀请的场合及茶会主题，穿符合主题的衣物。

2.烫茶不吹，喝茶不响。

茶很烫时可以等待片刻再喝，不要用嘴吹。喝茶也不要发出声响，但是啜茶除外。

3.回以微笑，叩指感谢。

主人倒茶，叩指礼表示感谢。

4. 品字三口，皱眉欺主。

一杯茶，细细分三口品味。不要边喝边皱眉。可以提出观点，及时交流。

5. 人走杯空，赞赏感谢。

在离开的时候，需要将杯子里的茶喝完，如果没有喝完，倒在茶洗中也可以，以示对茶品的赞赏及对主人邀请的感谢。

行茶六事指导

在了解了泡茶及喝茶的注意事项之后，就可以更从容地去学习践行行茶六事了。行茶六事，就是做好以下六件事情：

第一事：静坐问候。这是习茶开始前的一个仪式，让泡茶者静心，也是对客人及来宾的尊重。动作为七小礼中的鞠躬礼，女生双手叠放轻置于桌面；男生双手与肩同宽，拳心相对，上身引领头部向前倾斜15度。头颈一条直线，缓慢行礼。

第二事：备器赏茶。布置茶台，准备器物。每件器物都蕴含着主人的品位及爱好。器为承载，茶为根本。赏茶，是对所饮茶品的品味与鉴赏。泡茶者双手握持赏茶荷，顺时针展示茶品，也可以按次序让每个人传看。茶的外形、香气、产地及背后的故事都可以与他人交流分享。

第三事：清净无碍。茶台与茶具本身需要保持清洁。泡茶前的温杯烫具，不仅是为了给茶器一个初始温度，唤醒茶叶的茶性，更好地激发其香气，也是为了保持器具的洁净，表示对来宾的尊重。

第四事：投茶问汤。清洗完茶具，将茶叶投入盖碗之中。因为盖碗经过温烫，会有初始温度，此时摇香，可将茶叶中香气激发。嗅完香气之

后，润茶洗茶，将茶汤倒入茶洗之中。然后再泡茶，根据不同茶品，采用不同的注水方式。出汤倒入公道杯中，动作要干净利落，不要回汤。分茶时，以左为先，从左到右依次分茶。要公道公平，茶满七分为敬。

第五事：茶不远人。分好茶之后，做请茶的动作，即伸掌礼，邀请大家共享佳茗。主人做品饮演示，用三龙护鼎的手势。品茶是一种心境，也是一种态度。人因茶而聚，茶不远人，是生活茶中最朴素的真味。

第六事：一期一会。每次的相聚都是独一无二的，此时的人，此时的茶，此时的境，形成此时的茶会氛围。品茶交流之后，鞠躬礼感谢，结束行茶流程。但是整体茶会可以继续进行，进一步品饮及交流。

敲黑板

行茶六事的整体流程

备水——备器——赏茶——烫具——投茶——润茶——泡茶——出汤——斟茶——奉茶——品茶。

知识拓展

行茶六事的展示要素

形式美：形象整洁，服饰简洁、大方。

结构美：茶席布置结构美，配饰、音乐等设计美。

动作美：动作连贯优雅，眼神专注，笑容温暖。

环境美：室外择山水之美，室内注重摆设之美。

课后作业

策划准备自己的毕业茶会所用的行茶流程，写成一个详细的策划文案。

2. 申时茶初体验

> 茶，有修身养性、规范礼仪、文化社交等作用。古今文人墨客常以茶来陶冶情操，提升文化修养，使日常饮茶成为富有文化气息的品饮艺术。实践者通过喝茶活动调和身心，修身养性，也丰富自身精神文化生活。

申时茶

申时茶由近代学者基于卢仝的《七碗茶诗》所编创，通过喝七碗茶，来感受自己身体的变化，用茶来疏通身体经络。中国古人把一天划分为十二时辰，申时，也就是下午三点至五点。中医也将十二时辰与人体经络一一对应。申时饮茶，正是顺应了人体的健康规律，因此被称为申时茶。

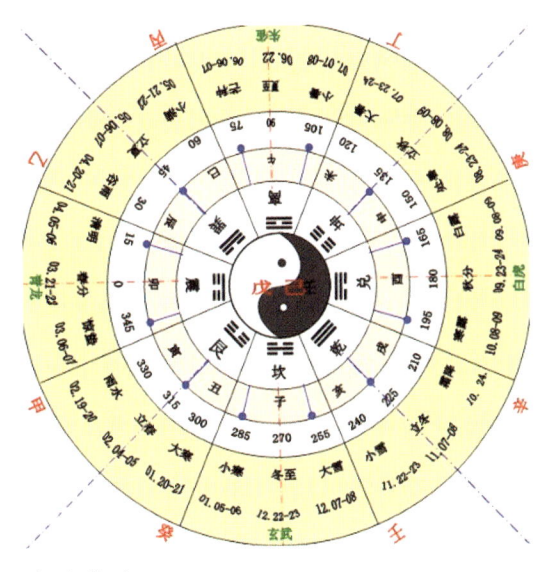

申时茶饮

申时茶可舒缓身心

申时茶之所以受到欢迎，是因为其具有一定舒缓身心的作用。人只要吃饭就会产生一些身体无法代谢掉的残留物，申时茶就是通过茶来化解掉它。

申时茶

残留物大量留存身体中，人体就会感到疲惫。申时茶可帮助代谢，对身体起到疏通缓解的作用。

申时茶，参与者身心的准备是非常重要的。

申时茶所用的呼吸法，为腹式呼吸。腹式呼吸更有助于我们感受身体的变化，也可以让我们更放松。腹式呼吸，搭配饮茶，可以更好地疏通身体。

申时茶所用的坐姿叫"亨通"，类似于端坐礼。这也是我们身体气血运行比较好的姿势，在整个过程中，需要尽量保持坐姿。

申时茶体验指导

接下来，是申时茶的整个流程，我们除了在课上体验，也可以把申时茶带到自己的生活中，让喝申时茶成为一种习惯。

开场准备：眼睛微闭，深呼吸，调整坐姿，感受身体当下的状态，等体验申时茶后做一个对比。

第一杯茶："一碗喉吻润"。持茶杯上沿，短促快小幅度啜饮茶汤，此时可以发出声音。在等候茶汤的过程中，关注自己身体的变化。

第二杯茶："二碗破孤闷"，感受胸腔的变化。每次喝茶只喝一小口，把气呼完再喝下一口。认真感受茶汤进入身体的变化，心情放松，摒除杂念，平复情绪，渐入茶境。

第三杯茶："三碗搜枯肠"，注意感受肚子的变化。茶汤在呼吸的带动下，促进胃肠的蠕动。

第四杯茶："四碗发轻汗，平生不平事，尽向毛孔散"。注意皮肤和毛孔的变化，感受脸颊、手心、后背是否微微出汗。

第五杯茶："五碗肌骨清"，感受全身的变化。端坐状态放松身心，自然放松双脚、双腿、双手，随着一呼一吸，感受整个体态是否更加轻盈放松。

第六杯茶："六碗通仙灵"，关注手心、脚心、头顶是否有微微发热的感觉。

第七杯茶："七碗吃不得也，唯觉两腋习习清风生"。由于茶进入身体里，给人一种暖洋洋的感觉，使得全身更顺畅，轻盈飘逸，酣畅淋漓。

结束收尾：喝完七碗茶，再做一个深呼吸。在呼气的时候随气放松身体，感受身体的变化。

这是一场申时茶体验的完整流程。申时茶主要是让大家在忙碌的学习中，有一个放松减压的过程，整体来感受自己的变化。从眼、耳、鼻、舌感受自身的不同变化，体验内心的平静和愉悦。

敲黑板

申时茶准备工作

①时间：申时（下午三点到五点）。

②布置：简洁朴素。

③茶品：黑茶等暖性茶。

④茶器：300毫升以上紫砂壶（或煮茶器），公道杯，50毫升容量品饮杯。

⑤背景：轻音乐、古典乐、古筝曲。

⑥呼吸：腹式呼吸。

⑦坐姿：端坐在座位上，小腿垂直于地面，身体微微前倾，立腰拔背端正头颅，舌顶上腭，身体微微前倾，把重力放在脚底。

⑧持杯：双手端举茶杯，共有拿、端、托、举、落、撤、放、收八个动作。

⑨品饮：啜饮法。

知识拓展

径山茶宴

径山位于浙江省杭州市余杭区，径山茶宴就是诞生在径山的万寿禅寺。它始于唐，盛于宋，流传至今，已有1200余年历史，包括张茶榜、击茶鼓、恭请入堂、上香礼佛、煎汤点茶、行盏分茶、说偈吃茶、谢茶退堂等十多道仪式程序，是我国禅茶文化的经典样式。径山自古就是中日文化交流的窗口与桥梁，日本茶道与径山茶宴也有一定渊源。

课后作业

写下通过申时茶体验之后自己内心的变化及感受，并分享给家人朋友。

3. 茶不远人——行茶之时

一杯茶中有茶的清静雅和、自然之韵。茶是健康饮品，它也内含了几千年的文化积淀，想要学会欣赏一款茶，懂得一款茶，需要深入茶艺文化之中不断学习。

饮茶时间有讲究

喝茶有益健康，在适当的时间喝茶，会事半功倍。以茶养生的秘诀就是在合适的时间喝合适的茶。智慧的中国人就非常顺应天时，传统的茶文化，就提倡饮茶要与四时合序。

传统的茶文化中，有"尊人"的思想，体现在盖碗（又称为"三才杯"）中。其中"盖为天，托为地，中间为人"寓意"天大，地大，但最大是人，要尊重人的意愿，顺应人体"。另一个重要的思想是"贵生"，认为喝茶需要遵从时间规律，这样更利于修身养性。其中还吸纳了道家文化中返璞归真、顺应自然的思想：在合适的时间采茶制茶，

喝茶

在合适的时间品茶喝茶。因此，我们平时喝茶，也需要顺应时节。这样才能更好地发挥茶的功效，调和身心。

朝夕有茶相伴是一件美好的事。我们在日常生活中享受茶带来的神清气爽的同时，也要学会科学健康地喝茶。一天之中有几个不适宜喝茶的时刻，我们需尽量避免。

一是空腹时。茶本身有助消化的功效，空腹时喝茶，茶中物质会被胃快速吸收，并刺激胃黏膜，造成脾胃不适。这就是很多人空腹喝茶会有"醉茶"的感觉，感到心慌、头晕、手脚无力等。这个时候要立即停止喝茶，并且食用一些茶点或者糖类快速补充身体能量。

二是吃饭过饱时。吃饱饭后饮茶不仅不能解腻，茶叶中的物质还会影响肠胃的消化吸收，尤其是铁与蛋白质的吸收。最好饭后半小时后喝茶，这样更利于身体健康。

三是睡觉之前。茶中的咖啡碱会使中枢神经处于兴奋状态，影响睡眠质量；而且喝茶利尿，造成不断起夜，也会降低睡眠质量，所以不建议在睡前两小时内喝茶。

四是服用药物时。因为茶中的茶碱、茶多酚等物质会与一些药物成分相结合，影响其功效。但也有专门入药作为药引的茶饮，这些要遵从医嘱，加以区分。

喝茶要注意避开这些时刻，以避免增加身体的负担。

每日与茶相伴

擅长喝茶的人，每天喝茶的黄金时刻，都饮用不同的茶品。喝好茶、喝对茶才会产生事半功倍的效果。

早茶：早饭过后，大约八点到九点之间饮用一杯淡茶水，可以清理肠胃，促进代谢，提神醒脑。早上适合饮用的茶有温和的白茶、暖性的红茶。这两种茶性状比较温和，四季皆宜。其中白茶中的老寿眉叶片较大，含有丰富的多糖物质及黄酮类物质，口感醇和，可以温暖脾胃。

早晨不适合饮用寒凉的茶，如生普、绿茶等。因为夜晚的时候，人体的肠道处

于半休息状态，早晨醒来胃肠道是最虚弱的时候，所以我们要避免选择寒凉的茶。

午茶：午后喝茶最适宜的时间是下午三点，这正对应申时茶的时间。此刻喝茶，既不会影响消化，也不至于影响睡眠。在这个时辰喝茶可以降火去燥。喝下午茶易消食，可能会感到饥饿，通常搭配茶点一起享用。

午后茶饮有多种选择。如果想疏通排毒，可以选用黑茶；想清热解毒，除去困顿，喝绿茶、黄茶或青茶。

一杯清新的绿茶，富含茶多酚，其抗氧化、消炎作用非常好；而且绿茶可以利尿驱浊，清除体内自由基。

发酵程度较轻的青茶类性微凉，入肝经，清肝胆热，可以化解肝脏毒素，且维生素含量丰富，抗衰老。

如果是脾胃本身虚寒的人，更建议饮用黄茶。黄茶经过独特的闷黄工艺，性状平和，口感还能保持鲜爽。

晚茶：晚上喝茶可在晚饭后半小时，不宜太晚。深度发酵的黑茶类，既可以消食解腻，又能清理肠胃，暖心暖胃，非常适合晚上喝。除此之外，暖性的老茶，如存放三年的白茶都可以在晚上喝。晚上不宜大量饮用茶汤，否则影响睡眠。

四季轮转，饮茶有序

四季轮转，每个季节也都有适宜的茶品。我们可以根据季节去喝茶。

春天，万物生发，一切都是鲜活的样子。春天人总感觉困乏，就是常说的"春困"，需要发酵较轻的茶叶唤醒身心。但是初春之时，天气还有些寒凉，新鲜的绿茶还未上市，早春的乌牛早茶也不能享用。这个时候，一杯清新淡雅的茉莉花茶最合适不过了。

茉莉花茶可以驱走体内的寒气，消除春困，唤醒身心活力，促进人体机能的循环。李时珍的《本草纲目》记载，绿茶性凉，茉莉花性温，绿茶中加入茉莉花可以中和茶性，具有理气解郁的功效。六窨以上的茉莉花茶就已经非常鲜灵了。碧绿的茶叶，漂亮的花朵，在玻璃器皿中舒展，给人以春天的生机活力。

四季轮转，饮茶有序

春天在享用茉莉花茶时，择一支迎春花或跳舞兰相伴，更是满眼春意，品茶的心境更好。喝茶时，还可以选择微甜的曲奇或者带有甜味的水果切块作为茶点。在美丽的春光里，尽情享受茉莉花茶带来的味蕾盛宴。

夏天，天气炎热，人体内大量水分蒸发，清鲜爽口的绿茶则是最佳的选择。绿茶滋味鲜爽，性微寒，具有生津止渴、消暑解热、去火降燥、提神醒脑的功效。而且绿茶中富含维生素、氨基酸、矿物质等营养成分，不仅补充水分，更可以补充人体内微量元素。

夏天适宜饮用的绿茶主要有充满豆花香的龙井茶、带有花果香的碧螺春、具有浓郁板栗香的日照绿等。遇到酷暑的天气，还可以制作冷泡茶消暑，如取1克台湾乌龙用500毫升矿泉水浸泡，放置冰箱中冷藏六到八个小时，让茶的滋味慢慢释放出来。取出饮用时，可清饮，也可加入冰糖，风味独特，降温消暑。

秋天天气干燥，人体也容易干燥上火。秋天饮茶能润肤去燥、益肺健脾、生津润喉，而且能有效清除体内余热，补充身体内水分。

秋天适合饮用青茶。青茶中，闽南乌龙和台湾乌龙的发酵程度较轻，适合初秋饮用，能去除干燥。发酵程度较高的广东乌龙和闽北乌龙，茶性没有太过寒凉，更适合晚秋饮用。青茶搭配的茶点为瓜子、干果类，其果仁香与青茶的茶香、焙火香相得益彰。

茉莉花茶

中式下午茶

乌龙茶

秋天适合饮用的另一类茶品是白茶。白茶纯净自然，转化较快，内含物质丰富。在忽冷忽热的秋季，饮用白茶可以增强免疫力，预防感冒。在凉爽的秋日，煮上一壶老白茶饮用，也是一件非常惬意的事。

冬天气温低，寒气重，人的身体机能减退，较为脆弱，人体对于能量与营养物质要求较高。

冬天适合饮用暖性的红茶。红茶为全发酵茶类，口感甜醇，性状温暖，既能祛寒保暖，又能带给人身体能量及营养。适合红茶的茶点，可以是微酸的食物、水果。

此外，温暖的黑茶也非常适宜在冬日饮用。黑茶性暖，可以消食解腻，又能降血脂，具有养胃保健的功效，常喝可以增强人体对冬季气候的适应能力。红茶和黑茶经常被用作调饮的茶。红茶中加糖、加奶，可以制成家喻户晓的奶茶。也有的少数民族将黑茶做成奶茶、酥油茶，还有的加花生、芝麻等。

喝茶，是一件惬意且养生的事。四时合序，尊重自然规律，喝对茶，更是一件美好的事情。

黑茶与茶汤

敲黑板

早饮寿眉，午间乌龙，晚上黑茶伴。

春饮花，夏饮绿，秋饮青，冬饮红。

知识拓展

①性寒的绿茶

禁忌：肝脏不好的人忌喝。胃寒的人不宜喝，以免引起肠胃不适。神经衰弱和失眠的人临睡前不宜饮茶。

②性寒的黄茶

黄茶归于轻发酵茶，制造工艺近似绿茶，含有的茶碱、茶多酚等成分会刺激胃黏膜，因而胃部不适的人要适量饮用。

③性凉的白茶

白茶性寒凉，胃"热"者可在空腹时适量饮用。一般人随时饮用都无妨，而胃"寒"者则要在饭后饮用。

④性平的青茶

禁忌：忌空腹饮青茶，因为这样很容易出现茶醉的症状，如头晕、心慌、手脚无力等。

⑤性温的红茶

禁忌：结石患者忌饮红茶。贫血、失眠的人以及胃热、易上火的人应少饮用红茶。

⑥性温的黑茶

禁忌：患有动脉硬化、贫血、低血糖的人不宜喝黑茶。

课后作业

经过这节课系统的学习，想必同学们都知道什么时候该喝什么样的茶了，按照所学给家人泡一杯茶吧。

4. 茶具茶器

"器为茶之父"。在中国悠久的茶文化史中，茶器占了不小的篇章。自古以来，这些精致的手工器物在匠人的手中不断得到传承与创新。

茶器形式多样，且不同时代风格各异。汉代就已经开始出现茶器的雏形。茶器旧时多称为"茗器"，泛指制茶、饮茶时所用到的各类器具。

日益壮大的茶器家族

如果说，汉代是茶器的诞生时期，那么唐代就是专用茶具的确立时期。唐代，饮茶文化得到普及，专门制茶、饮茶的器具也应运而生。

唐代茶具种类丰富，贮茶、炙茶、碾茶、煮茶等各类茶器应有尽有，其中碗最为流行。匠人将自然界中花叶瓜果的造型融进茶器设计中，设计了葵花碗、荷叶碗等造型别致的茶器。

邢窑葵口碗

唐代茶器主要有碗、瓯、执壶、杯、釜、罐、盏、盏托、茶碾等数种。陆羽《茶经》中就记录了唐代的饮茶文化中的饮茶器具，认为茶具与茶器并不一样，茶具是采茶、制茶时的器具，茶器是在品饮过程中用到的器皿。他还在《茶经·四之器》中，详细列举了二十四种茶器，其中主要分为七大类：一是生火、烧水和煮茶的器具，有风炉、承灰、筥、炭挝、火筴、镀、交床、竹夹；二是烤茶、煮茶和量茶的器具，有镀夹、纸囊、碾、拂末、罗合、则；三是盛水、滤水和提水的器具，有水方、滤水囊、瓢、熟盂；四是盛盐或取盐的器具，有鹾簋、揭；五是盛茶和饮茶的器具，有碗、札；六是装盛茶具的器具，有畚、具列、都篮；七是洗涤和清洁用的

wǎn 碗 供盛放茶汤，"育汤花"用	**huǒ jiā 火夹** 用来夹炭入风炉	**jiā 夹** 供炙烤茶时翻茶用	**zhá 札** 供清洗茶器之用
zhǐ náng 纸囊 用来贮茶	**jīn 巾** 用于擦干各种茶具	**zé 则** 供量茶用	**shú yú 熟盂** 供盛茶饮用
tàn zhuā 炭挝 供敲炭用	**niǎn、fú mò 碾、拂末** 用于将饼茶碾成碎末；用来清掸茶末	**piáo 瓢** 用来煎茶	**lù shuǐ náng 滤水囊** 供清洁净水用
luó hé 罗合 经罗筛下的茶末盛在盒子内	**dōu lán 都篮** 用来盛放烹茶后的全部器物	**shuǐ fāng 水方** 用来盛放洗涤后的水	**dí fāng 涤方** 用来煎茶
zī fāng 滓方 收集茶叶渣的器具	**fēng lú 风炉** 烹煮器具	**fù 镀** 用来煮水	**běn 畚** 放碗之用
jǔ 筥 装炭用的竹笼	**xián cuó jiē 鹾簋、揭** 盛盐用的器具；用来取盐	**jiāo chuáng 交床** 供置用	**jù liè 具列** 用来收藏和陈列茶具

器物，有涤方、滓方、巾。

宋代人饮茶更加讲究技艺：茶色以"纯白"为佳，盏水以无痕为上。独特的点茶、斗茶等饮茶方式，对于茶器的选择也更为讲究。宋人将唐代的碗改为浅口、黑色的"茶盏"，同时新增茶筅、汤瓶、茶焙、茶匙、茶碾等器具。

北宋蔡襄《茶录》记载当时茶器有茶焙、茶笼、砧椎、茶钤、茶碾、茶罗、茶盏、茶匙、汤瓶。此外，宋徽宗赵佶《大观茶论》中列出的茶器有碾、罗、盏、筅、钵、瓶、杓等。值得一提的是，我国第一部茶具图谱便出现在南宋时期，审安老人对茶具十分喜爱，其著作《茶具图赞》中，以白描的手法绘制了十二件茶具图形，按照宋代官制赋予它们名、字、号，并称之为"十二先生"。这十二件茶具分别是韦鸿胪、木待制、金法曹、石转运、胡员外、罗枢密、宗从事、漆雕秘阁、陶宝文、汤提点、竺副帅、司职方。

认识茶具

工欲善其事，必先利其器。冲泡一杯好茶，不仅需要高品质的茶叶、优质水源，还需要好的茶器。茶器按照功能分类一般分为主泡类、辅泡类、品饮类三大类。

主泡类：杯类、壶类、盖碗类。

生活中的茶艺术　67

| 磁壶 |  盖碗（三才杯） |  玻璃杯 |
|  紫砂壶 |  快客杯 |  飘逸杯 |

辅泡类：随手泡、公道杯、过滤网、杯托、水洗、茶巾、茶刷、茶荷、茶盘。

| 赏茶荷 |  茶巾 |  公道杯（茶海） |  茶道组（茶道六君子） |
|  过滤网和滤网托 |  杯托 |  茶盘（茶船） |  茶盂 |

品饮类：品茗杯、闻香杯。

茶具按材质分陶土类、漆器类、瓷类、金属类、竹木类、玻璃类、玉石类。

盏

压手杯

六方杯

斗笠杯

铃铛杯

撇口杯

方斗杯

折腰杯

圆融杯

鸡缸杯

马蹄杯

基础茶具

盖碗：一只上有盖、中有碗、下有托的茶具，主要用于泡茶。

茶壶：一种泡茶和斟茶用的带嘴器皿，是茶具的一种。

公道杯：用于均匀茶汤再分茶至品茗杯中的茶具。

水洗：用于盛放茶渣、废水的器皿。

品茗杯：用于喝茶，是一种较矮的茶杯。

闻香杯：用于闻香，比品茗杯更细长，多用于冲泡高香的青茶时使用。

茶荷：用于盛放、观赏茶叶，形状多为有引口的半球形，通常用竹、木、陶、瓷等制成。

茶巾：又称为"茶布"，多用棉、麻制成，可用于擦拭干茶壶，也可用于擦拭滴落在桌面上的茶水。

茶盘：用于放置茶具、茶杯。

茶滤：用于从茶壶中过滤茶汤，避免茶汤中有茶叶渣落入。

茶道六君子

茶筒：用于盛放茶艺用品的器筒。

茶漏：放置在壶口上，可以过滤茶汤。

茶则：又称"茶勺"，用于将茶叶盛入茶壶中，也可以用于衡量茶叶用量，确保投茶量适中。

茶夹：又称"茶筷"，可以将茶渣从壶中夹出，也可以在洗茶杯时夹着茶杯，防止烫手。

茶针：又称"茶通"，用于疏通茶壶的内网，以保证水能流畅地从壶嘴中流出，不被茶叶堵塞。

茶匙：又称"茶拨""茶扒"，主要用于拨茶入壶或挖取泡过的茶。

茶道六君子

敲黑板

①唐代茶器主要有碗、瓯、执壶、杯、釜、罐、盏、盏托、茶碾等数种。

②唐代的二十四茶器出自陆羽《茶经》。《茶经》是中国乃至世界现存最早、最完整、最全面介绍茶的第一部专著，被誉为"茶叶百科全书"。

③宋代茶器增加茶筅、汤瓶、茶焙、茶匙、茶碾、茶盏等器具。

④茶器按照功能分为煮水器、主泡类、辅泡类。

知识拓展

盛产茶器的五大名窑

中国不仅是茶的故乡，同时也是瓷器的故乡。

宋代有五大名窑，明代皇室收藏《宣德鼎彝谱》中有记载："内库所藏汝、官、哥、钧、定名窑器皿，款式典雅者，写图进呈。"

汝窑：属五大名窑之首，以青瓷为主。汝窑瓷胎体一般较薄，釉层较厚，有玉石般的质感，釉面有很细的开片，造型则比较庄重大方。

官窑：由官府直接营建，分北宋官窑和南宋官窑。宋代官窑瓷器主要为素面，既无华美的雕饰，又无艳彩涂绘，最多使用凹凸直棱和弦纹为饰。

哥窑：将"开片"的美发挥到了极致，产生了"金丝铁线"的典型特征。哥窑瓷器釉面大开片纹路呈铁黑色，称"铁线"；小开片纹路呈金黄色，称"金丝"。

钧窑：宋代五大名窑中，汝窑、官窑、哥窑产的三种瓷器都是青瓷。钧窑虽然也属于青瓷，但它不是以青色为主的瓷器。因钧瓷的釉厚且黏稠，所以在冷却的时候，有些介于开片和非开片之间的被釉填平的地方，会形成像蚯蚓在湿地爬过的痕迹。

定窑：五大名窑中唯一烧造白瓷的窑场。因为白瓷色调属于暖白色，细薄润滑的釉面白中微闪黄，所以给人以湿润恬静的美感。定窑善于运用印花、刻花、划花等装饰技法，将白瓷从素白装饰推向了一个新阶段。

课后作业

课后挖掘茶具与茶人的故事，并与大家分享。

5. 茶席插花

在古代，花与华同字，代表一切美好的事物。用美好的植物点缀茶席，更是为这方寸天地增添了一份灵动的色彩。在宋代，插花和茶、画、香一起展示于茶席之上，被称为宋人的四大雅事。

清雅的茶席花

品茗时，有花相伴最为适宜。一方茶室中，茶席花是整个茶席的点睛之笔。花的存在，为茶席增添生气与活力，使其多一分清雅。

茶席花不似宫廷花富丽，更多是强调自然美、意境美。茶席花注重线条感，颜色素雅，花朵数量不求多，但跟茶、席、季节、人都要有所呼应。

茶席插花的原则

原则一：花朵的颜色不可太过鲜艳。

原则二：花朵的数量不宜多，以一支两支为佳。

原则三：根据节令、喝茶人身份等布置恰当的花。

茶席插花原则

茶席花，究其本源，是由中国传统插花发展起来的。文人插花源自唐宋，盛于元明。唐至五代，文人插花主张返璞归真，借花抒情。宋代，插花、挂画、焚香、点茶是文人生活中不可或缺的四大雅事。元明时期，曾出现了大量插花专著，如袁宏道《瓶史》、张谦德《瓶花谱》、屠本畯《瓶史月表》等，构建了完整而周密的花艺理论体系。文人插花追求空灵之美，茶席花最似文人插花，重意境，抒情怀，放于茶席上更具淡雅自然之美。袁宏道《瓶史》载："赏花，茗赏者，上也；谈赏者，次也；酒赏者，下也。"高级的审美，最能共鸣出花的清雅秀丽。由此可见，茶与花的默契，古已有之。

东西方插花艺术区别

东方有茶席花，用植物写意，点缀着方寸茶席；西方有插花艺术，将盛放的花朵聚集，让花朵更加美丽惊艳。

东方和西方插花的形式，之所以有着明显的区别和特色，是由不同的民族思想与文化底蕴决定的。东方人内敛稳重，含蓄写意；而西方人奔放热烈，直白鲜明。人们把东方插花叫作线条式插花，把西方插花称为块面式插花。两种插花方式有以下不同。

东方插花　　　　　　　　　　西方插花

一是用花量不同。东方式插花用花少，注重自然典雅；西方式插花用花量大，色彩丰富。

二是形态不同。东方式插花以线条造型为主，要求活泼多变，线条优美；西方式插花以几何图形构图，讲究对称和平衡，常见半球形、椭圆形、金字塔形和扇面形等。

三是意境不同。东方式插花重写意，讲究情趣和意境；西方式插花注重整体色块艺术效果，富于装饰性。

四是表现方式不同。东方式插花像水墨画；西方式插花更像是油画。

五是风格不同。东方式插花以简洁清新为主，讲求浑然天成的视觉效果；西方式插花表现出热情奔放、雍容华贵、端庄大方的风格。

随着社会的发展和中西方文化不断交流，各种艺术形式也不断地被人们认识和吸收。东、西方插花也渐渐相互渗透，不断得到改进和提高。

茶席花造型美学

在学习了东西方插花形式的异同之后，相较于华丽明艳的西式插花，茶席插花主要以东方式插花为基础。用于茶席布置，作品会更简洁明了。常常仅用一主枝或二主枝作为主体，根据其主枝形态大致可分为直立式、倾斜式、下垂式和不对称式。

直立式：使枝直立而插，角度最多不超过30度。花型平和、稳重，多用于正式隆重的场合。

倾斜式：使枝倾斜而插，角度在30度至60度之间。花型悠闲、秀美，随意而插，适

直立式

下垂式

倾斜式

不对称式

用于日常生活。

下垂式：使花枝由花器立出而弯曲至器沿以下，花型有强烈的进取、冒险意味，表现出强烈的生命感。

不对称式：该组合图形（如L形等），用花相对少，花材面广，疏密有致，以表现植物自然生长的线条美、姿态美、颜色美，搭配艳丽、别致、生动、活泼。

在茶席花的布置中，不仅要注意挑选花材，而且要注意选择插花的样式、花器。不同造型结构的茶席花，在很大程度上与插花容器的材质、形状相关。花器一般以竹、木、草编、藤编和陶瓷为主，造型简单，没有过多修饰。同时花器的色调和质感要与茶室氛围协调，主要体现自然、朴实之美。

敲黑板

①茶席花其本质与中国传统插花相似。

②茶席插花主要以东方式插花为基础，不求数量多，但求简洁、生动，与茶席

有所呼应。

③茶席花造型根据其主枝形态大致可分为直立式、倾斜式、下垂式和不对称式。

知识拓展

花材养护技巧

刚买回来的鲜花，要尽快拆除包装，远离高温和强光，选择通风、凉爽的地方存放。不要放在空调、电风扇、果蔬的旁边。

买回来的鲜花有发黄腐烂的花瓣，要尽快摘除，避免花朵的加速衰败。一般情况下，水量为花瓶的三分之一。鲜花的根部要斜剪，这样吸水的部位大，能够更多地吸收水分。要每天剪去一些，保证能够吸收到足够的水分。

在养花的过程中要经常换水，保持花器中的水是干净清澈的，换水时要注意清洗花茎黏滑的部位和花器。

当花材出现凋谢迹象时，剪去花枝末端一小段，把它放在盛满清水的容器中，仅留花头露出水面，经过2—4小时花头便会苏醒过来。

课后作业

花是大自然的馈赠。可以观察一下家中是否有小的花器，或是直接利用现有的容器，在陪伴家人喝茶的时候插上一枝花，摆放在茶席上，感受茶与花带给我们的安静与舒适。

6. 茶席设计

生活需要仪式感，喝茶也是。在我们与他人交往的过程中，茶是交流的媒介，茶席更是给这诗意的交流带来不可缺少的仪式感。

什么是茶席

茶席，以茶汤为灵魂，以茶器为主体，是融合了东方美学和人文情怀的方寸空间。它不局限于喝茶，更多是与其他艺术形式相结合，共同构成带有艺术美感的生活仪式。

翻开我国茶的历史，一时难以找到"茶席"一词，但这并不代表茶席不曾存在。从唐代有关茶会、茶宴的书画中，我们就可以寻到有关茶席的描绘，陆羽的《茶经》中就有关于茶席的一些陈设，如"夫珍鲜馥烈者，其碗数三；次之者，碗数五"等等，这些都是茶席的前身。直到明代茶寮的出现，众多文人雅士才有品茗的专属空间。文震亨和屠隆在著述中皆提到茶寮："构一斗室，相傍山斋（书斋），内设茶具，教一童专主茶役，以供长日清谈，寒宵兀坐，幽人首务，不可少废者。"可见明代品茶方式的精致追求。

茶席按照功能可分为以下几类。

一是家庭生活茶席，以简约、实用为主。根据自己的爱好，选择对应的茶器进行摆放，服务于家庭日常及朋友接待。

二是舞台表演茶席，根据茶艺表演的不同形式以及要冲泡的茶品，分为固定组合配置茶席跟自由组合茶席。如古代的宫廷茶宴、近代的潮州工夫茶以及很多少数民族的传统茶艺都是有固定的组合配置茶席。而现在衍生出的创新类舞台茶艺表演，可以自由组合茶席样式，更灵活多变，以符合舞台场景为主。

三是产品展示类茶席，用于展示产品或者重点突出茶具。常见于茶叶店、商场以及展销会等，一般以套组的形式出现。

四是唯美情趣创意茶席，此类茶席不一定实用，但是"颜值"很高，是一种艺术的展示，在展馆、创意比赛中都可以欣赏到。

舞台表演茶席

茶席美学设计

茶性本俭，茶席应清雅朴素。陆羽提出的"茶性俭，不宜广"与唐代韦应物的"洁性不可污，为饮涤尘烦"都是赞美茶的灵性与洁性，茶席布置应与茶的俭、洁品性相称。

茶席设计没有统一标准，创作空间很大。而想要设计出精致、耐看的茶席，要从最基本的色彩、空间和材质入手。

色彩是茶席中最直接最有冲击力的第一入眼要素。如果整个茶席色彩搭配得当，会给人一种安定、协调的感觉；如果色彩多而杂乱，就让人感到焦躁。学习茶席颜色搭配之初，可以参考色相环来进行色彩搭配。其中茶席中常用的色彩搭配方法有以下几种。

沉稳配色：同类色系搭配，色彩协调统一。

鲜明配色：色彩对比强烈，色相，明度，彩度，色调都可以做对比。

呼应颜色：颜色的跳跃性，一般跳色占小面积。

茶席布置也取决于空间的性质。在不同的空间下布置茶席，需要考虑茶席的用途，就像选择不同场合穿不同的服装一样，使其与整个空间的氛围协调统一是很重要的。如现代简约的空间，可以搭配色彩明快、干净利落的茶席；古朴稳重的空间，需要搭配古典和谐的中式茶席。

而材质的选择，也需要根据茶品以及茶席整体的基调做选择。比如冲泡黑茶，可以选择麻质的铺垫、紫砂的茶具；冲泡绿茶会选择玻璃杯，播放轻松愉悦的音乐；而冲泡青茶则会选择白瓷壶、深色的铺垫。

最后，茶席设计也能体现出个人情怀。茶席设计者或演示者通过茶席向外传递对生活的美好期待。在满足实用性和美观性的基础上，每一个器皿的摆放都满含深意。

从一方茶席设计中，以小见大，我们惊叹茶席之美，也见证了优秀传统文化中的美学思想。它潜移默化地提升了大众的品饮境界与审美素养。

茶席布局章法

好的茶席布置可以陶冶情操，使人们得到全方位沉浸体验。茶席设计以茶品为主，茶品、铺垫、茶具作为构成基础茶席的三大元素，茶品不同，茶具的使用也不尽相同。而插花、焚香、音乐、挂画、茶点等其他辅助元素也应因茶品的改变而有对应的变化。

我们生活中的茶席多为自由茶席，但自由并不意味着没有章法。其中遵循的原则为：实用为主，所有的器具拿取、使用都比较方便。再者就是整齐美观，三点一线，高低起伏，都有美感和韵律在其中。简单而言，合理安排茶席上的各个元素，使其形成一个和谐、美观的布局。

敲黑板

①茶席是以茶为中心，包括人、茶、器、物、境的美学空间。

②茶席的四大分类：家庭生活茶席、舞台表演茶席、产品展示类茶席、唯美情趣创意茶席。

③茶席设计基本原则是以茶品为主，实现各类元素协调统一摆放。茶席设计没有统一标准，但色彩搭配、应用空间和器具材质是设计的关键。

知识拓展

优美茶席欣赏

家庭生活茶席

产品展示类茶席

舞台表演型茶席　　　　　　　　　创意茶席

课后作业

今天我们学习了茶席设计，利用家里的茶具，设计一种实用的茶席布局，并拍照分享，说说设计理念。

7. 茶空间美学

一杯茶里有一方天地，可以欣赏自然之趣、领略朴素之美，也能邂逅浪漫之韵、感受时尚之风。茶中自有格局，品茶不仅是品饮其味，还是自我的心境修炼。

品茶的空间

茶空间作为人们与茶文化连接的载体，是茶事活动的主要地方。狭义上可以把茶空间理解为"生活中为人所用的与茶相关的空间，即能够供人观赏、使用、理解茶文化、满足人们'茶'需求的空间环境"。在该定义的基础上，茶空间包括了许多内容，如茶室、茶楼、茶馆等。

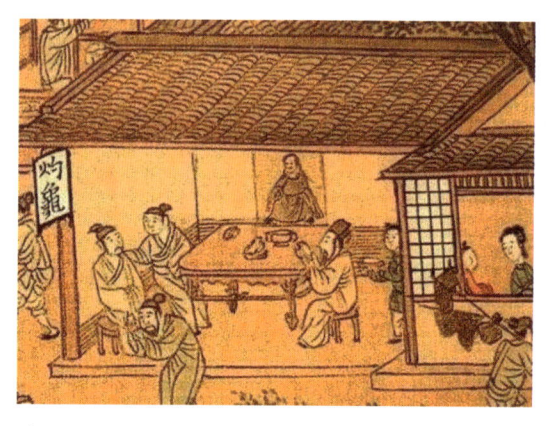

中国最早的茶空间

著名茶文化学者蔡荣章认为，茶空间最基本的单元是茶席，茶席所在空间则称为"茶室"。而现代的茶空间可容纳的活动越来越多，不再局限于泡茶、奉茶或品茶这些基本活动，因此从广义上可以把茶空间定义为所有承载茶事活动的空间形态。

中国最早的茶空间可追溯到晋朝，"晋元帝时有老姥，每旦独提一器茗，往市粥之，市人竞买"，据《广陵耆老传》可知，晋朝集市的茶摊是最初与"茶"相关的空间。到了唐代，不仅出现茶铺、茶肆，茶会、茶宴也开始兴起。这些都为茶空间的兴盛做足了铺垫。宋代时期茶坊、茶馆已经普及，其所承载的社交性也越来越强。元明时期，茶馆提供的茶事活动进一步丰富。到了清代，茶空间的发展迎来鼎盛期。此时茶馆已随处可见，且具备饮食、休闲、交易等功能。

随着时代发展，茶空间除了基本功能得到拓展之外，茶文化的繁盛也让茶空间的文化性和艺术审美性得到提升。比如，通过装饰材料与色彩营造喝茶意境。茶空间也逐渐成为提供休闲娱乐、文化交流和艺术鉴赏的场所。日本派出的遣唐使、留学僧也将唐人的饮茶风尚和茶文化带回自己国家，日式茶空间文化也逐渐发展起来。在两国不同的文化背景下，中日茶文化有着一定的差异，茶空间的审美体验也不尽相同。

现代茶空间

中式茶空间美学特点

中式茶空间的美学风格各异，因此出现了各种形式的载体：茶摊、茶坊、茶楼、茶馆……其中茶馆不仅具备品茶、社交、表演等多种功能性特征，在艺术设计上的发展也极为迅速。

现代中式茶空间设计通常将庭院文化融于室内，例如曲水流觞茶台。在中国古代，文人墨客饮酒赋诗，有"曲水流觞"的活动，即在弯曲的水流旁设酒杯，流到谁面前，谁就取下来喝。曲水流觞茶台则将该景观仿制在室内的茶桌上，并以品茶代替饮酒，颇为风雅。

中式茶馆从环境上大致有园林式、厅堂式、民居式三种。园林式茶馆主要按照

中式茶空间美学

江南私家园林的形式设计,其主要的美学特点是将自然元素运用在茶空间上,将素雅、天然的感觉在小桥流水、亭台楼榭中体现。厅堂式茶馆主要按照古代富贵人家的民居厅堂或文人书房来布置设计,通过木质家具、竹雕盆景或文人字画来营造古朴雅致的美学氛围。民居式茶馆主要针对劳动人民,以经济实用的家具为装饰物,审美艺术性上偏弱,但具有很强的生命力。

日式茶空间美学特点

日式茶空间的美学风格集中体现在清净简素的禅意上。日式茶道讲求清寂之美,在日本建筑领域,这种极具禅意的日式茶室的地位与日本庙宇相当。

日本茶室分凹间、客座、点前座、地炉等基本布局。以"地炉"为中心,左边是水屋,放茶具和清洁用具。茶室外观和内部构造都力求表现"不对称"美。按照日本茶道文化的传统,宾客应邀入茶室时,由主人跪坐门前表示欢迎。从推门、跪坐、鞠躬到寒暄都有规定的礼仪。茶道举行时，主人必先在茶室的活动格子门外跪迎宾客，客人品茶时要发出称赞声。

日式茶室最早出现在室町时代。当时出现了"书院茶"（一种茶会）及书院式建筑。"书院茶"要求茶室保持绝对的肃静，整个茶室封闭且全室铺满榻榻米。后世日本各种茶室均借鉴了该茶室的榻榻米设计。而最具代表性的日式茶室是由千利休所创造的草庵茶室。其外形与草庵相似，用泥土、沙石、竹木、麦秸为材料修建，标准面积为四个半榻榻米的大小，茶庭（也叫"露地"，是茶室的前庭）是必备的部分。以草庵茶室为代表的日式茶室体现了自然、空寂的美感。

每一种茶空间都有独特的审美价值和相应的精神内涵。中式茶空间呈现出多元的美学特征，出则走进自然，入则安坐家中；而日式茶空间呈单线发展，有着统一的思想内涵和审美体验，充分体现了清净简素之美。

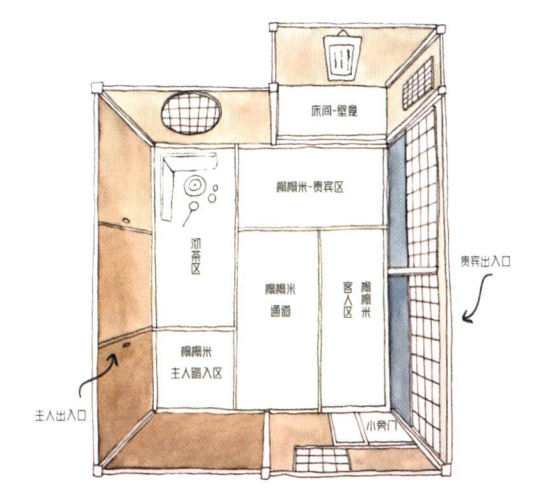

日本茶室

日式茶空间

日式草庵茶室

敲黑板

①中式茶馆和日式茶室都是茶空间的代表,有着不同的美学特点。中式茶空间呈现出多元的美学特征,而日式茶空间呈单线发展,充分体现了清净简素之美。

②中式茶馆从环境上大致有园林式、厅堂式、民居式三种。日本茶室分凹间、客座、点前座、地炉等基本布局。

知识拓展

老舍与茶馆

老舍在1957年写的话剧《茶馆》是当代中国话剧史上最优异的剧目之一,有"东方舞台上的奇观"之誉。《茶馆》话剧主要展示的是自清末到民国50年间茶馆的变迁,展现了老北京的茶馆风俗。后来以老舍名字命名的"老舍茶馆"还成了北京这座古都的城市名片,家喻户晓。

课后作业

茶室空间不一定要大,同学们可以尝试自己搭建一个家庭茶室,并说出你的设计理念。

8. 茶会设计组织

以茶待客是中国流传已久的习俗，以茶会友、客来敬茶的习俗也逐渐形成并延续下来。随着时代发展，茶会成为一种内容丰富、形式多样、品质高雅的重要社交方式。

茶会的起源与追溯

茶会是文人雅士进行社交的形式之一。自古以来，中国的文人雅士喜爱聚集起来吟咏诗文，交流学问。早期还没有茶会的时候，文人雅士多在宴会上吟诗作对。可以说茶会是此基础上，逐渐发展独立出来的一种社交形式。

我国茶宴亦称作"汤社""茗宴"，指以茶宴款待宾客。以茶养廉的古代茶宴之道，追求清俭朴实，淡雅逸越，

唐人宫乐图

展示人们希冀和平与安定的心愿。以茶养廉符合中华民族俭朴的美德，反对奢侈，反腐倡廉，乃俭德之风，这样的茶宴具有待客交谊之功，又能修身养性。

茶会最早追溯到唐代，那时的茶会大多是僧人间谈论、参悟佛法的茶聚。其中唐诗"树倚池岛鹤，茶会石桥僧"就提到了用茶招待僧人的情形。随着经济文化的

发展，茶会形式逐渐丰富，开始出现茶会、文人茶会、寺庙茶会等。唐代历史中，关于官方茶会"清明宴"的记载便出现在唐代李郢的《茶山贡焙歌》中。"清明宴"是清明节时，朝廷制定的一种宫廷大型茶会朝仪。有规模较大的阵容，并伴有音乐和歌舞，由朝中礼官主持这一盛典。

如果说唐代茶会是一场豪华的盛宴，礼仪形式众多，那宋朝的茶会则在细节处体现出精致讲究的雅趣。宋代以文人茶会为主，宋徽宗赵佶的《文会图》描绘了文人集会童子备茶的场面，可见文人与茶的密切关系。一般文人举行茶会，多选择在风景秀丽、环境宜人的场所，追求清俭朴实，淡雅安逸的氛围。

宋刘松年《撵茶图》局部

除了文人茶会，宋代最为著名的便是僧侣茶会，其中以"径山茶会"最为著名。径山茶宴，诞生于余杭区万寿禅寺，起源于唐，兴盛于宋，流传至今，已有1200余年历史，是径山古刹以茶宴请客人的仪式。特别是在宋代，径山茶宴东传至日本，对日本茶道的形成产生极大影响。

元代，茶与百姓日常生活开始结合。市面上逐渐出现专供百姓饮茶的各式茶馆，元代武汉臣《玉壶春》中"早晨起来七件事，柴米油盐酱醋茶"，证实茶已经走入寻常百姓家。明清时出现了各式各样的茶馆：有专供商人一边饮茶，一边进行买卖交易的"清茶馆"；有吃"讲茶"的"讲茶馆"；有百姓聊天的"老虎灶"；有说书、表演曲艺的"书

明清时期茶馆文化

茶馆"；供文人笔会、游人赏景的"野茶馆"等。由此可见，茶与人们的联系越来越紧密。

茶会的主题及立意

今天的茶会丰富多彩。一场茶会的举办，首先要确立立意及主题，这里给大家介绍一些常见的主题茶会。

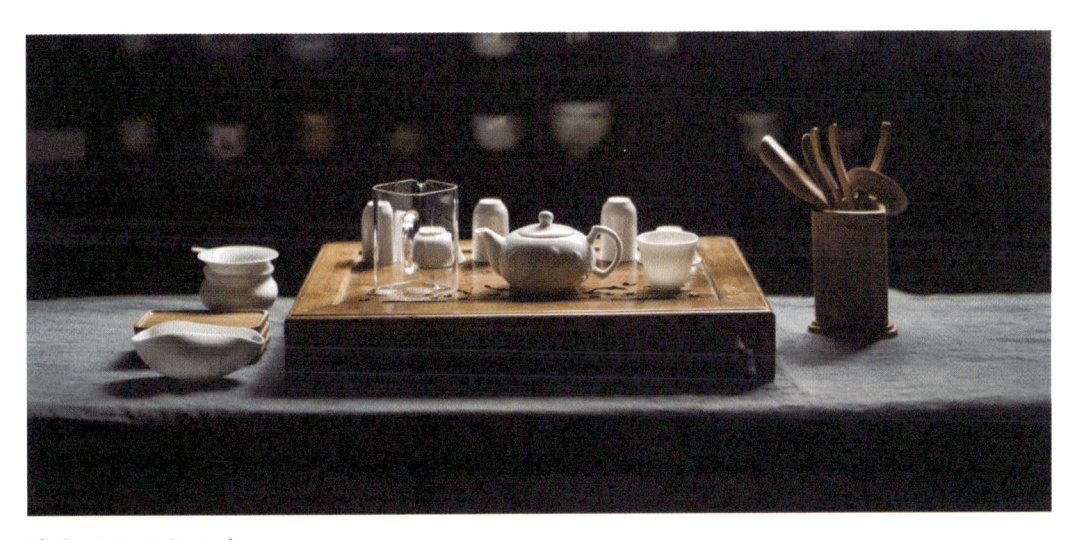

茶会的主题与立意

文学主题茶会：时下非常流行的读书会，以古典诗词或者笔墨书画为主的交流茶会，类似申时茶的七碗茶诗茶会、曲水流觞茶会等。此类茶会在设计上要注重仪式及流程。

生活主题茶会：贴近生活的茶会。有亲子茶会、下午茶茶聚或者交流茶会等。以轻松的氛围进行，注重人与人之间的交流。

节气主题茶会：设计时需要注意茶品与季节、天气、习俗等相匹配。我国的二十四节气，都可以成为茶会的主题，还可以根据不同的节气选取适宜的茶品进行品鉴分享。如七夕茶会、中秋茶会等。此外还有一些特别的节气茶会，如三伏养生茶会、烹雪煮茶茶会等。

艺术主题茶会：将艺术文化以茶会的形式呈现，如戏曲、插花、盆景、古琴与茶会相结合。

品鉴主题茶会：专注茶本身的主题茶会，类型非常丰富。可以是以六大茶中的某款茶开展，如白茶茶会；可以围绕新茶出产时间开展，如新茶品鉴、明前茶春茶茶会；也可以以地域为主题展开，如贵州茶茶会等。

文学主题茶会

生活主题茶会

节气主题茶会

艺术主题茶会

社群主题茶会：以某一志趣相投的群体为主体开展的茶会，如国学社、汉服社、绘画、棋艺俱乐部等，以茶为依托，相互交流，相互学习。

学术主题茶会：多出现在专业论坛，如普洱茶专场讲座、新工艺白茶技法交流讲座等。

定制主题茶会：根据不同人群的需求，私人订制的茶会。如企业的员工团建主题、客户答谢主题、班级的迎新主题、毕业主题等。

茶会的流程

茶会是人们社交的一种方式，一场完整的茶会，从构思到实际开展，看似简单，却有很多需要注意的细节。下面我们通过学习以下流程，明晰策划一场茶会的要点。

策划阶段：需要考虑茶会主题、人物、地点及时间。以毕业茶会为例，首先确认毕业主题，起一个合适的茶会名称。目的是让家人及朋友见证学生的成长。确定拟邀请人及大体人数，可以制作邀请海报或邀请卡通知。

确认地点：参考人员特性与数量

品鉴主题茶会

社群主题茶会

学术主题茶会

定制主题茶会

茶会的流程及执行

是室内或室外。如果是室外的茶会，提前查看天气情况，并制订备选计划。

确定时间：需要考虑大部分人员的时间安排，提前通知茶会时间，做好安排。茶会开始前，最好要确认实际到场人数。

制订流程：根据主题及人员制定茶会流程。想清楚茶会环节，怎样更有趣味性。

茶会分工：组织者细化执行任务。从通知、接待、会场布置、引导入座、主持人任务，到物料准备、茶会伺茶、茶会席主、音乐播放、节目演出等细节工作，每个角色都要有人负责。

茶会执行：引导入场后，主持人表示对大家的欢迎，并明确参加茶会需要注意的事项（如关闭手机、不随意走动等）；主持人说明此次茶会目的并开始各类环节；中间互动环节尽量轻松愉悦，难度不要太大。

茶会收尾：茶会结束后对参与者表示感谢，可以根据确定情况是否需要准备纪念意义的礼品。最后需要有专人负责物料的归纳、场地的整理。

敲黑板

①茶会可以追溯到唐代，由宴会演化而来。
②宋代茶会以文化茶会为主，僧侣茶宴以径山茶宴最为著名。
③元明清时期茶文化融入百姓生活当中，逐渐形成各类茶馆。
④茶会主题分类：文学主题茶会、艺术主题茶会、诗词主题茶会、节日主题茶会、节气主题茶会、孝亲主题茶会、爱国主题茶会等。

知识拓展

古时茶会

过长孙宅与朗上人茶会

[唐] 钱起

偶与息心侣，忘归才子家。

玄谈兼藻思，绿茗代榴花。

岸帻看云卷，含毫任景斜。

松乔若逢此，不复醉流霞。

唐代饮茶成为全国风尚，诗中，人们喝茶聊天，任由太阳慢慢往西移动，欣赏天上的白云是如何变化的。无论是诗中人还是欣赏者，都陶醉其中。

课后作业

品茶是随兴的事，但不是随便的事。今天学习了有序、优雅的茶事活动，课后与家人举行一场小型的家庭茶会吧。

茶是生活良伴，亦是一种文化表达。怀古溯源，一杯茶中传承着中国的历史和文化；时至今日，茶文化已融合进现代生活的方方面面。

茶文化的传播

1. 茶文化的东渡之旅

中国的点茶法起源于宋代,而那时候的茶文化就已经开始传播。随着茶的普及,中国的茶文化也成为世界茶文化之源,逐渐影响着其他国家的饮茶习俗。

中国茶的传播之路

世界茶文化多姿多彩,涵盖了每个国家对于茶的认知。茶由中国顺着陆地、海洋向世界传播。

中国茶是如何传播到世界各地的呢?纵观历史,其渠道有两种:第一,通过来华的使臣和僧侣,或者民间交往,茶被人带往各地,茶叶生产技术和饮用方法得以流传;第二,通过派出的使节,将茶叶作为礼品馈赠;第三,通过贸易往来,将茶叶作为商品输出。

中国茶的传播之路主要分为陆运和海运。陆上茶叶之路呈现扇状辐射。海上茶叶之路最早开辟是在唐朝,最先通向日本,随后从南海抵达各国。明代郑和七下西洋,使得茶叶的传播更为广泛,到了19世纪,中国茶叶几乎遍及全球。

中国靠着船只与马匹、骆驼向世界各国输送茶叶,同时也将中国的茶文化传播到世界各地。

中国茶叶对外传播的时间表

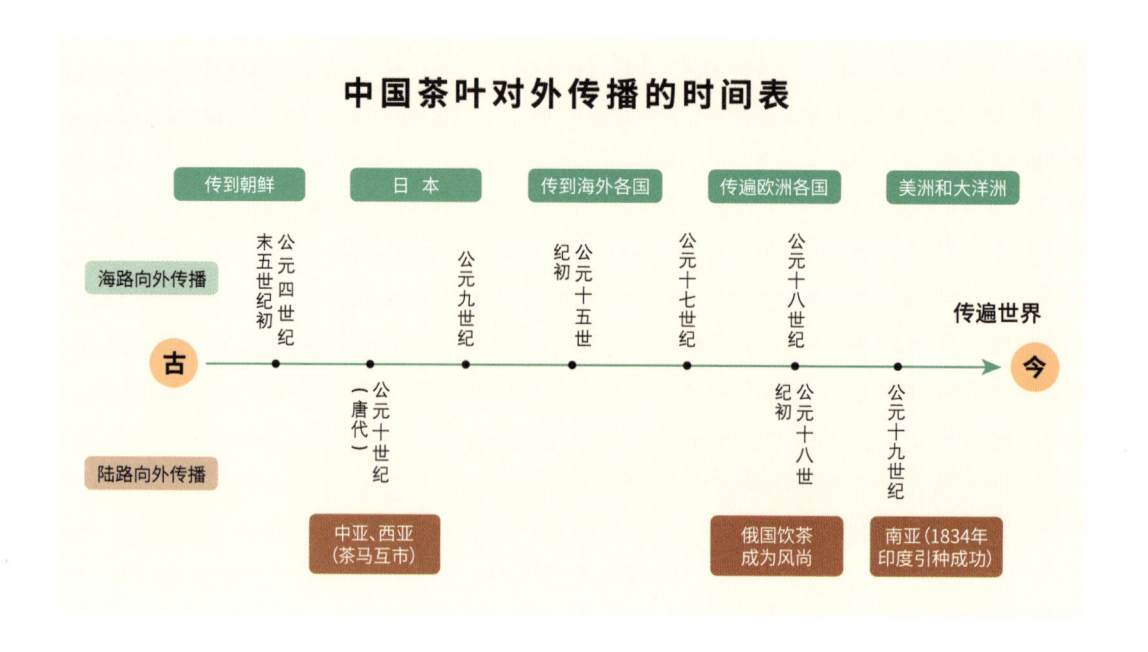

方向	时间	传播地
海路向外传播	公元四世纪末五世纪初	传到朝鲜
	公元九世纪	日本
	公元十世纪（唐代）	中亚、西亚（茶马互市）
	公元十五世纪初	传到海外各国
	公元十七世纪	传遍欧洲各国
	公元十八世纪初	俄国饮茶成为风尚
陆路向外传播	公元十九世纪	南亚（1834年印度引种成功）
		美洲和大洋洲

古 → 今　传遍世界

日本茶道

仅公元 630—894 年，日本来华的遣唐使记载就有 19 次之多。其中的留学生、学问僧成了将中国茶和茶俗传播到日本的主要人员。相传，中国的僧人鉴真和尚东渡日本带去大量的物品，其中就有茶。

唐朝，日本僧人最澄在浙江天台山留学，回国后，荣西将茶种带到了京都比睿山。后来的僧人荣西也在天台山修学茶艺，写成了著名的《吃茶养生记》，记录了南宋时期流行于江浙一带的制茶过程和点茶法，荣西因此被誉为日本的"茶祖"。

日本致敬茶道精神

而之后的留学僧圆尔辩圆带回了径山茶的种子，种植在自己的故乡静冈县，茶风从此开始流传。

歌吟僧人鸭长明曾在京都东南的山脚下搭建了一座约为3平方米的草庵来修行，期间他创作的《方丈记》就提到了"艺道"，认为所有的艺，如剑道、花道、箭术、围棋等都能通过引导，使人们平心静气。

日本茶道是15世纪奈良称名寺的和尚村田珠光正式首创，而他的徒弟千利休将日本茶道真正发扬光大。16世纪，织田信长想借茶道统一天下，于是他精心搜集了当时各种珍贵茶具，网罗天下精于茶道的人。当时千利休主持制定茶道的仪式和规则，并将其作为一种新文化推广。1582年，织田信长逝世，他的部将丰臣秀吉以武力统一全国。丰臣秀吉特别喜爱清静、朴素的茶道风格，于是进一步支持茶道。自此，日本茶道迎来了最隆盛的时代。

千利休画像

日本茶道由道具、茶室、茶庭构成空间；由作法、规矩、程序、礼仪形成规范；由"真、行、草"规划出格段，由材质、造型、工艺展现出外在美感，由人、物、空间演绎出独自的境界。

日本茶道可分为以下几类。

抹茶道：抹茶道由宋代点茶道演化而来。只是宋代采用团茶，需罗碾烹炙，而日本采用末茶，直接以茶末加以煎煮。日本抹茶道，由当年的遣唐使荣西在中国学成后带回日本，由村田珠光奠其基，经武野绍鸥发展，由千利休创立。抹茶道在日本得以保留、继承和发扬光大，现已成为日本的国粹，引为国宾之礼，被誉为"日本之最"。

煎茶道：煎茶道就是用壶冲泡茶叶，中国明代时传入日本。日本的煎

日本抹茶道

茶指的是绿茶，盛茶的茶壶叫"急须"，形状小巧玲珑，其把柄与壶嘴成直角。将茶壶扣在指上浅斟慢酌，方能品出茶中的甘味和涩味。煎茶道不像抹茶道那么繁复华美。它尊重美，但以简洁为美，提倡和谐、尊敬、公平、诚信。

日本茶道讲究"四规七则"，"四规"特指茶道精神"和、敬、清、寂"。"七则"指：点茶有浓淡之分；水温要按照季节的不同而改变；煮茶的火候是适度；使用的茶具要保持茶叶的色、香、味；备好一尺四寸的炉子；冬天炉子的位置要摆放适当且固定；茶室要插花，花的品种要与环境相匹配，以显示出新颖雅致的风格。

日本茶道经过历史的积淀，已成为日本专属的精神元素，体现了日本历史中古典雅致的文化修养，也成为日本接待宾客的一种特殊礼仪。

日本茶道的很多技法是从中国学到的，但由于文化差异，导致日本茶道和中国茶道有很大不同。

日本茶道

一是形式上，中国茶文化轻松和乐，不拘小节。经过千年的传承创新，现在成为一种生活习惯。日本茶道在茶室建筑内，对于烹具、技法、服饰等细节上有严格的要求，保留了极致的美和仪式感。

二在思想上，中国茶文化以儒家思想为核心，融合了儒、道、佛三家思想。日本茶道中融入了日本国民的精神和思想意识，提倡"和、敬、清、寂"。

朝鲜半岛的茶文化

朝鲜半岛的茶文化是中国茶文化与朝鲜半岛的礼节文化相结合而形成的。早在一千多年前的新罗时期，朝廷的宗庙祭礼和佛教仪式中就有运用茶礼的记载。

朝鲜半岛茶礼注重礼仪规制。在高丽时期，茶礼大致会在以下场合举行：燃灯会，八关会，重刑奏对仪式，迎北朝诏使仪式，祝贺太子诞生，太子分封仪式，分封王子、王姬的仪式等。茶礼种类繁多、各具特色，如按照名茶类型区分，有末茶法、饼茶法、钱茶法、叶茶法四种。

朝鲜半岛的茶文化

朝鲜半岛茶文化发展共分为四个阶段：第一，朝鲜半岛三国时期从中国引入。第二，新罗统一时代茶饮出现，仅上层社会和僧侣及文士之间流传，新罗后期，茶饮开始向平民普及，采用中国唐代的煎煮法；第三，高丽王朝时代，早期是唐代的煎茶法；中后转为宋代点茶法。点茶成为当时的社会风尚，因茶而逐渐兴起了茶文学、茶具文化、茶馆、茶艺术；第四，朝鲜李朝时代，对应中国的明清时期，开始从团饼转为冲泡散茶为主。

不论是日本茶道还是朝鲜半岛文化，都是中国茶文化传播的结果。中国茶文化的足迹遍及世界各国，又在不同时代，与当地不同文化习俗融合，才构成了现代世界各地多姿多彩的茶文化。

敲黑板

①中国茶文化的传播之路大致分为陆上与海上。
②日本茶道是由宾主、茶室、茶具和茶构成的，对于流程与礼仪极为讲究。
③朝鲜半岛茶文化，一般与朝鲜半岛的节日相关。

知识拓展

日本煎茶

煎茶道就是用壶冲泡茶叶，中国明代时传入日本。那时应元禅师将煎茶引入日本后掀起了日本的煎茶热潮。目前所留传的制作工序相传源于京都宇治的永谷宗圆所发明的"青制煎茶法"。日本的煎茶指的是绿茶。

冲泡日本煎茶时，要准备好茶叶、茶具和水，盛茶的茶壶叫"急须"，形状小巧玲珑，其把柄与壶嘴成直角。

课后作业

学习日本茶道与朝鲜半岛茶文化，可以感受到茶文化在亚洲其他国家和地区的呈现。同学们可以翻阅书籍，继续找一找其他国家和地区的有趣茶俗。

2. 茶文化的英国之行

提起英国下午茶，自然会联想到悠闲、雅致等词。可是从不产茶叶的英国是怎样与茶结缘，并形成了全民饮茶的风尚呢？

英国下午茶的由来

英国下午茶距今已有几百年的历史。在这期间，人们对于类似"先倒奶还是先倒茶""司康饼先涂果酱还是先涂奶油"这样的问题都是众说纷纭，而之所以会这样，其实与英国下午茶的起源有关。

17世纪50年代，中国茶叶被荷兰贸易商带到英国。当时，推广茶叶的是医生，认为喝茶有助于强健内脏、增强记忆力等。因此，茶叶逐渐在欧洲流行开来，成为他们生活中必不可少的时尚饮品。

英国从认识茶到举国疯狂地爱上茶，用了不到两百年的时间。而让英国人认识茶叶价值的是一位葡萄牙公主，也是英国第一位"饮茶王后"。在伦敦咖啡馆中，早期的茶是一种纯粹提供给男士的饮料，小桶灌装犹如麦酒，喝茶时也不需要任何礼仪。1662年，查理二世的王后葡萄牙公主凯瑟琳，将饮茶的习惯带入英国宫廷。她经常邀请一些贵族夫人到宫中饮茶，随着茶在英国的普及，逐渐形成英国独特的饮茶文化。

英式下午茶

下午茶之风首先在19世纪的英国上流社会盛行。贵族们习惯在家中舒适的沙发上享用下午茶，茶和茶点则都放在矮脚茶几上。最传统的英国下午茶是当时贵族们的专属享受。同时在维多利亚女王的推广下，下午茶变成了一项正式的贵族社交活动。贵族们为彰显身份、炫耀财富，会选用上等的茶叶，配以精制的茶具，并把下午茶搬到室外花园举行，贵妇们还会专门为此换上礼服。

看到名门权贵热衷下午茶，普通平民也开始效仿。但对于工人阶级来说，

名画中的下午茶1

下午茶的主要目的是在工作间隙补充体力。为了快吃快走，他们会选择较高的桌椅。除了一壶浓郁的茶，更有饱腹感的糕饼和肉食才是平民阶层更为实在的选择。平民下午茶的享用时间相对较晚，通常在下午6点左右更多是作为下午茶和晚餐的融合，

因此不能算作正统的下午茶。

无论是哪种下午茶，英国下午茶的这股潮流从未在人们的生活中消失过。人们享用下午茶，希望在充饥的同时，也给心灵觅得一块栖息地。

钟声敲响，开启下午茶

英国有这样一句谚语："当钟敲响四下，世上一切为茶而停下。"从中足以看出英国人对下午茶的重视。当下午茶成为英国各阶层的固定习俗后，大家不约而同地开始享受下午茶的休闲时光，伴随产生了一系列约定俗成的礼仪和文化。

东方茶室礼仪讲究以客为主、长幼有序，而英国下午茶无论身份高低和年龄大小，茶饮都需要自行取用，座位也安排得十分随意。传统的英国下午茶虽不似东方茶礼讲究主次，沏茶和倒茶也没有严格的规定，但仍有一套严苛而繁复的礼仪。

在维多利亚时代，传统的英式下午茶派对着装庄重，男士一般穿燕尾服、戴领结，女士一般穿正式的长袍，以示端庄。在现代，英国下午茶虽然没有对着装有过多要求，但在喝下午茶的过程中，仍十分崇尚安静和优雅。比如与人共饮下午茶时需要用较小声音交谈，茶具要轻拿轻放，点心也有相应的食用顺序，品赏精致的茶具也是必不可少的重要环节。

如果说规范茶桌上的礼仪表明

下午茶礼仪

名画中的下午茶 2

英国人对下午茶的重视,那么全民饮茶的风尚则是英国人对情趣的追求。下午茶已成为现代英国人的一种休闲习惯。忙碌的工薪族能利用下午茶的时光暂时摆脱工作而小憩一下;学者们习惯在下午茶进行学术讨论。有许多作家通过下午茶文化表达对生活的见解。例如在《傲慢与偏见》里,简·奥斯汀从下午茶的视野展现女主人公的所思所想,通过对下午茶的描写,展现了英国人浪漫的生活方式与态度。

下午茶的正确打开方式

英国下午茶演变至今,礼仪和形式都精简了许多,但茶具的准备、茶叶的冲泡和点心的选择仍有所考究,从以下三个问题中便可掌握品饮下午茶的正确方式。

第一个问题:茶具是银器还是瓷器?

一套完整的英国下午茶茶具非常多,包括茶壶、茶杯、茶匙、茶刀、滤勺、三层点心盘等。银器和瓷器相较于玻璃、铁等材质,多被广泛使用。银质茶具由18世纪爱饮茶的安妮女王命人制作。即使较瓷器更为烫手,但以优雅朴素风格为主的银器还是十分受人追捧。

相比银器,瓷器的保温效果更好,其中又以骨瓷为佳。早期的英国茶具设计受中国瓷器的影响最为明显,随着下午茶之风的盛行,茶具设计中的东方色彩逐渐淡化,英国传统文化和艺术特征被放大,瓷器上花卉和金色交相辉映,英国的浪漫气质在茶具中展现得淋漓尽致。精美的茶具、带有刺绣或蕾丝花边的桌巾与点心托盘相互呼应,加上优美的轻音乐,细节处尽显英国人对生活品质的追求和背后

维多利亚时代瓷质茶具

的精神内涵。

第二个问题：茶叶是红茶还是绿茶？

17世纪，茶叶通过丝绸之路进入欧洲，红茶与绿茶就在其中。在现如今的英国下午茶中，红茶占据极大优势，而绿茶逐渐被英国人抛弃。原因主要有两点：一是相比绿茶，红茶更易保存，经过完全发酵过的红茶在潮湿的海上运输中更具保存优势；二是在气温低、湿气重的英国，生热暖胃的红茶更易受到英国人的追捧。

英国下午茶红茶

英国下午茶中，较为常见并具有代表性的红茶有伯爵茶、大吉岭茶、锡兰红茶及中国安徽的祁门红茶等。

第三个问题：点心是甜味还是咸味？

英国下午茶的点心种类十分丰富，甜咸均有选择。托盘是常见的"维多利亚式"

三层点心托盘

三层点心托盘，底层是夹着不同馅料的咸味三明治，中间层放置的是味道中性的传统英式点心，顶层放置的则是甜味的蛋糕、饼干或水果塔。品尝时应遵从由下往上，味道由咸至甜、由淡到重的顺序。

英国下午茶由贵族兴起，最后走进千家万户，精致的茶具，浓醇的红茶，美味的点心，每一处的精心安排都体现了英国人对生活的热爱和对雅致的追求。

敲黑板

①英国下午茶的发起者是贝德福德公爵夫人安娜·玛利亚·罗素。

②英国下午茶一般是在下午4点开始，场地多偏好安静氛围，茶器选择多为瓷器与银器，偏好红茶茶饮，搭配常见的"维多利亚式"三层点心托盘。

知识拓展

中国茶与英国茶的关系

中国安徽的祁门红茶和福建的正山小种是英国畅销的红茶名品。和中国不同，混合口味的茶叶制品在欧洲很受欢迎。最著名的产品是格雷伯爵茶。格雷伯爵茶是以中国的祁门红茶或正山小种为茶基，或再配以锡兰红茶等，并在其中加入佛手柑油的一种调味茶，是当今世界最流行的红茶调味茶之一。

课后作业

通过学习英国下午茶，同学们可以在家进行一次有仪式感的下午茶活动，一起交流心得，放松身心。

3. 世界茶俗知多少

全球化的文化交流，使中国茶文化传播到世界各地。目前全世界有50多个国家种植茶树，30多亿人饮茶。当茶进入一方新的水土，便与当地的人文风情、历史文化、生活环境等元素结合起来，形成独具特色的饮茶方式和风俗特征。

中国茶对世界的影响

中国的是茶树种植是世界上最早的。其他国家的种茶、制茶技术都直接或间接地源自中国，饮茶方式也离不开中国茶文化的影响。

中国与中亚、西亚乃至阿拉伯半岛等地区的茶文化交流，早在西汉时期就已经随着张骞出使西域时开始了。在其后的唐、宋、元时期，中国的茶叶便负在骆驼背上、马背上，与丝绸、瓷器等物品走进了欧亚大陆。在明清时期，海上丝绸之路得到发展。郑和连续七次远航，经过南洋、西洋、东非等地区，游历了30多个国家，将中国出产的茶叶、丝绸和瓷器等带给了沿途的国家。可见，中国茶早已成为对外交流的名片。

世界上爱喝茶的国家

在中国的西北方向，有一个国土面积为78.36万平方公里的国家，茶是当地人民生活的必需品，即使早晨起床，未曾刷牙用餐，也得先喝一杯茶，这个国家便是土耳其。

土耳其到处都有茶馆，甚至在点心店都会销售茶品。城市的街头、船舶码头等地卖茶摊位随处可见，摊主口中不断喊着"刚煮的茶"来招呼过往客人。在茶馆附近工作的人，只要在街头吹一声口哨，茶馆的服务员便会奉上一杯热茶。

土耳其人普遍喜爱喝红茶。煮茶的茶器是一大一小两把茶壶：先用大茶壶煮水，随后将盛有茶叶的小茶壶放置在大茶壶之上，壶内的茶叶随着温度的上升，散发出香味，如同中国的"醒茶"。待大茶壶中的水煮沸后，冲入放有茶叶的小茶壶中，1克茶叶注入30～50毫升的沸水，静置3～5分钟后，将小茶壶中的浓茶倒入玻璃杯中，按照个人喜好兑上沸水、白糖，用小匙搅拌几下，使茶、水、糖混合均匀后便可饮用。土耳其人煮茶，认为茶汤红艳透明、香气扑鼻、滋味甘醇可口是最好的。

煮茶

茶香中的美食王国

阿富汗地处亚洲中西部，境内多是山地，饮食中缺乏蔬菜，茶便成为帮助人们消化、补充维生素的必需品。阿富汗常把茶作为沟通人际关系的桥梁，只要家中有客人，主人便邀请客人一起围炉煮茶。

阿富汗茶饮1

阿富汗饮茶，夏季以绿茶为主，冬季以红茶为多，也有喝奶茶的习惯。阿富汗奶茶类似中国蒙古族的咸奶茶。煮奶茶时，会先用茶炊煮茶，茶的浓度根据每个人喜好有所不同，过滤茶渣后待用。再将牛奶用微火熬煮至稠厚状，倒入茶汤，一般茶汤与牛奶的比例为4∶1。最后重新煮开，放入适当的盐便好了。这种饮茶习惯，多见于阿富汗牧区。

阿富汗茶饮2

位于东南亚的新加坡和马来西亚有相同的嗜茶爱好：吃肉骨茶。所谓肉骨茶，是一种食肉兼饮茶的饮食方式。这种独特的饮茶习俗最早流传于中国闽南及闽粤毗邻地区。肉骨茶多选用新鲜排骨、猪蹄、牛肉或鸡肉等制成。烹煮时，先用作料烹制肉骨，文火炖熟，有时会放党参、枸杞等滋补名贵药材熬制肉骨汤，使其香醇美味、补气养血。茶客入座后，店主便会端上热气腾腾的一大碗鲜汤，碗内有五六块排骨。再沏上一壶香茶，加一碗白米饭，还有一盘切成一寸长的油条，让茶客边吃肉骨边饮茶。

阿富汗茶饮3

肉骨茶

马来西亚在举行宴会时，常用茶、冰水等招待客人，一般不上酒；在吃薄饼时，马来西亚人喜欢来上一杯类似奶茶的拉茶，用两个杯子将奶茶倒来倒去，形成大量泡沫，跟奶泡相似，可以帮助肠胃消化。

敲黑板

①土耳其：世界上爱喝茶的国家。
②阿富汗：喜欢围着炉子喝茶。
③新加坡和马来西亚：喜爱吃肉骨茶，肉骨茶最早源自中国的闽南与闽粤地区；吃薄饼时喝"拉茶"。

知识拓展

鸦片战争与茶

1684 年，在当时的欧洲，茶叶是贵族社交必饮的奢侈品。而当时的中国，是世界唯一能生产茶叶并种植茶叶的国家。当时的瓷器和丝绸的出口量都不及茶叶。

由于中国清廷限定广州和澳门两地作为我国对外贸易仅有的窗口，导致欧洲的对华贸易受到极大的束缚。当时英国人对茶颇为迷恋，每年大量购买中国的茶叶。但是因为中国人民都是自给自足，这导致了中英两国之间出现了巨大的贸易差。英国人为了平衡自己进出口的贸易差，最终他们选择了鸦片贸易。

大量的鸦片涌入中国，鸦片的超额利润扭转了中英之间的贸易差。1839 年，林则徐组织禁烟，收缴鸦片在虎门销毁。英国借机发动了鸦片战争，腐朽落后的清廷战争失败后也被迫签署了丧权辱国的《南京条约》。

课后作业

通过学习土耳其、阿富汗、新加坡和马来西亚等国家的别具一格的饮茶风俗，同学们可以课后翻阅书籍，了解更多的茶俗。

4. 中国茶走向世界

今天，茶已经盛行于全世界。沿着丝绸之路，中国茶成为最受欢迎的世界饮品。茶的消费量超过了咖啡、可可、酒精饮料的总和。目前全球有50多个国家种植茶叶，有160多个国家与地区，近30亿人喜欢饮茶。

广泛传播的中国茶

世界三大饮料是茶、可可和咖啡。其中咖啡原产于非洲埃塞俄比亚西南部的高原地区。1475年，麦加出现了第一家咖啡馆。16世纪前，可可一直为南美洲亚马逊平原地区的人专享。16世纪末，西班牙政府建立了世界第一家巧克力工厂（以可可为主要原料）。中国是世界上最早发现和利用茶树的国家。

中国茶园

截止到2019年，世界茶园总面积达到500万公顷，其中，中国茶叶种植面积已达306.6万公顷，占全球面积的61%以上，遥遥领先世界排名第二的印度（茶叶种植面积为63.7万公顷）。而世界茶叶总产量已经达到惊人的615万吨，其中中国年产茶量达到了279.9万吨。根据中国茶叶流通协会的统计数据表明。中国云南、贵州、四川、湖北、福建五个省茶叶种植面积超过300万亩。2019年，中国人全年消费茶叶202.56万吨，当之无愧是世界第一茶叶大国。

中国茶文化推动世界茶文化发展

中国茶

中国是茶叶的故乡，是人与茶首次相遇的地方，中国人制茶、饮茶已有几千年历史。在漫长的历史岁月中，茶的发现、栽培、加工、利用以及茶文化的形成、传播与发展与中华民族息息相关。世界其他国家的种茶、制茶技术和品茶方式都是直接或间接从中国传入的。从公元前2世纪起，中国茶叶先后传播到五大洲一百多个国家和地区，对人类生活的影响十分广泛。

　　在历史发展过程中，中国茶叶种类不断增多，制茶技术不断进步。茶叶和制茶技术及其所特有的茶文化也逐渐流传到世界各地。2019年5月21日，国际茶日成立，这是以中国为主的产茶国家首次成功推动设立的农业领域国际性节日，彰显了世界各国对中国茶文化的认可和喜爱。

文化自信与茶文化振兴

　　茶的魅力，让众人着迷。古时众多文人墨客都有饮茶的爱好，并将之作为吟咏的对象，托物言志，抒发感情。茶圣陆羽曾提出"茶之为用，味至寒，为饮，最宜

草地茶会

精行俭德之人"，将饮茶提升到人格与道德修养层面，以饮茶培养"君子之风"。这与中华优秀传统文化中精行俭德、清白纯正的君子形象相契合。

茶为全世界人民带来了美好的体验。茶和茶文化是中华民族奉献给全世界的瑰宝，也成为中华传统文化重要的组成部分。伴随着科技的发展，文明的进步，茶为人们生活注入了新的活力和能量。

"茶"字拆开是人在草木间，蕴含人向自然致敬，人与自然和谐共生，人从自然中获得人生真谛和生命思索的多维意义。中国茶文化经久不息，灿烂辉煌。那些列入史册的茶人，为中国茶做出了贡献，留下了宝贵财富。

现代茶人的茶生活

现代生活中，茶不但作为一种饮品被人所偏爱，更多的是作为一种文化现象受到人们的关注。中国茶文化不断向全世界输出，使茶成为独特的中国符号。

现代茶文化的发展，丰富了现在人的生活内涵。融合了现代科学技术等时代元素的茶文化，价值功能更加显著，对于建设美好幸福生活的作用进一步增强。

以茶兴文、以茶作礼和以茶育人是现代茶文化的体现。茶文化讲究尊敬与平等，学习茶文化，传承尊敬长辈、友好待人的优秀传统；茶文化的美学思想带给人正向积极的审美价值观，茶文化的艺术感染力，让我们在行茶过程中，完成知识、仪态、修养的统一。

文脉不绝，薪火相传，无数茶人推动着中国茶文化的发展。从神农氏到茶圣陆羽，到各个朝代，都有茶人用行动助力中国茶的传承"当代茶圣"吴觉农作为现代茶叶事业复兴和发展的奠基人，最早论述了中国是茶树的原产地这一观点，并且在福建武夷山麓，首创茶叶研究所，为发展中国茶叶事业做出了卓越贡献。1988年，中国农业出版社出版的《中国农业百科全书·茶业卷》将吴觉农列为20世纪十大茶学家之一，其余九人分别为胡浩川、冯绍裘、蒋芸生、方翰周、王泽农、陈椽、庄晚芳、张天福、李联标。

学习中国茶文化、践行习茶操作，都是对中华优秀传统文化立体化、沉浸式的体验。我们在学习的同时，更应该为民族文化感到自豪。从现在开始，请同学们担负起一位茶文化传播者的责任，以中华优秀传统文化的传承、复兴和创新发展为己任，认真学习，用心感受，让我们中华民族的茶文化走向世界。

敲黑板

①中国"茶圣"——唐代陆羽。

②日本"茶祖"——荣西禅师。

③茶叶传播者——克鲁兹。

④印度茶叶种植者——罗伯特·福琼。

⑤"当代茶圣"——吴觉农。

知识拓展

中国20世纪十大茶人排行榜

1988年，中国农业出版社出版的《中国农业百科全书·茶叶卷》中提到"20世纪的十大茶人"有以下几位。

①吴觉农（1897—1989）

吴觉农被誉为"当代茶圣"，其所著《茶经述评》是当今研究陆羽《茶经》的权威著作。

②胡浩川（1896—1972）

胡浩川参与筹建祁门茶叶改良场并任场长，致力于红茶品质的提高，促进"祁红"进入国际市场，并与吴觉农合著了《中国茶业复兴计划》。

③冯绍裘（1900—1987）

冯绍裘滇红创始人，被称为中国著名的红茶专家。他一生潜心茶叶研究和生产，改写了戴维斯描述的云南茶叶历史。

④蒋芸生（1901—1971）

蒋芸生为筹建浙江省茶叶学会、中国茶叶学会和中国农业科学院茶叶研究所做了大量开创性工作，为培养茶学人才做出了贡献。其所著《植物生理学》为中国高等农业院校主要教材之一。

⑤方翰周（1902—1966）

方翰周被称为"中国茶叶质量体系奠基人之一"。他一生主持制订中国各类茶叶的毛茶收购标准样、价、品质系数体系，各类茶的精制成品标准样、花色等级、品质系数体系等八项制度，对推动我国机械化制茶工业的建立和发展做出了卓越的贡献。

⑥王泽农（1907—1999）

王泽农参加筹创了我国高等学校第一个茶叶专业，为国家培养了大批茶学科技人才。他是我国茶叶生物化学的创始人，主编了《茶叶生化原理》《中国农百科全书·茶业卷》。

⑦陈椽（1908—1999）

陈椽是我国近代高等茶学教育事业的创始人之一，在开发我国名茶生产方面获得了显著成就，对茶叶分类的研究亦取得了一定成果，著有《制茶全书》《茶业通史》等多部划时代的茶学专著。

⑧庄晚芳（1908—1996）

庄晚芳毕生从事茶学教育与科学研究，培养了大批茶学人才。在茶树生物学特性和根系研究方面取得了成果，著有《茶作学》《茶树生物学》等学术专著。

⑨张天福（1910—2017）

张天福中国茶业界普遍把张天福称为"茶界泰斗"。长期从事茶叶教育、生产和科研工作，特别在培养茶叶专业人才、创制制茶机械、提高青茶品质等方面有很大成绩，对福建省茶叶的恢复和发展做出重要贡献。

⑩李联标（1911—1985）

李联标在国内首先发现野生乔木型大茶树，对研究茶树起源与原产地做出了重要贡献。

课后作业

课后查阅资料，选出自己最喜欢的茶人，并分享原因。